KB063280

The Chemical History of a Candle

Michael Faraday

초판 인쇄 2019년 10월 23일
1 쇄 발행 2019년 10월 31일

지 은 이 마이클 패러데이
옮 긴 이 이은경
펴 낸 이 이송준
펴 낸 곳 인간희극
등 록 2005년 1월 11일 제319-2005-2호
주 소 서울특별시 금천구 서부샛길 528, 608호
전 화 02-599-0229
팩 스 0505-599-0230
이 메 일 humancomedy@paran.com

ISBN 978-89-93784-64-0 03430

• 잘못 만들어진 책은 구입하신 곳에서 바꾸어 드립니다.
• 값은 뒤표지에 표기되어 있습니다.

촛불 하나의 과학

The Chemical History of a Candle

마이클 패러데이 지음 | 이은경 옮김

인간희극

차 례

머리말

옛날 책을 다시 출간할지 말지 고려할 때 종종 여러 의문들이 잇따라 등장합니다. "왜 그 책은 그렇게 오랫동안 절판됐어야 했는가?"와 같은 의문도 나오고 "그 책은 어떤 점에서 그리 대단한가?"와 같은 질문도 나옵니다. 대답은 우리들 각각의 인식에 달려 있지만 고전 서적의 경우 그 해답은 무척 분명합니다. 지금, 어떠한 모호함도 그냥 넘기지 않는 안목 있는 독자들을 위해 고전 한 권을 다시 세상에 내놓고자 합니다.

책은 점점 만족을 얻기 위한 수단으로 여겨지고 있습니다. 이는 만족을 얻을 수 있다는 보장이 없으면 책을 읽으려 하지 않는다는 의미이기도 하죠. 실험 과학의 아버지로 불리는 프랜시스 베이컨(1561—1626)은 "나는 모든 지식을 내 분야로 여겼다"라고 언명했고 "독서는 완전한 인간을 만들고, 회의(會議)는 준비된 사람을 만들며, 작문은 정확한 사람을 만든다"라고 말했습니다. 나아가 베이컨은 "반박하거나 논박하려고 책을 읽지 말라. 믿거나 당연하게 여기고자 책을 읽지도 말라. 이야기와 담화를 찾아내려고 읽지 말라. 단지 숙고하고 사려하기 위해 책을 읽으라"고 조언하기도 했습니다.

그러나 요즘 베이컨의 의견을 높이 평가하는 사람은 많지 않을 듯합니다. 현대인은 일단 책을 읽고 나면 그 내용을 곰곰이 생각하는 데 크게 흥미를 느끼지 않기 때문이죠. 하지만 다행히도 모든 독자들이 이 경우에 해당하지는 않습니다. 그렇지 않았다면 인간 문명이 시작된 이래 끊임없이 타오르고 있는 지식의 등불은 먼 옛날에 이미 꺼졌을 겁니다. 여전히 '숙고하고 고찰'하고자 하며 책을 읽을 때 일어나는 창조적인 상호작용을 흔쾌히 받아들이는 진지한 독자들이 있습니다. 예를 들어 양자 역학 창시자 중 한 명인 에르빈 슈뢰딩거(1887–1961)가 쓴 『생명이란 무엇인가What is Life』는 여러 물리학자들에게 생명 과학 속으로 발을 내딛어 혁명을 일으키도록 영향을 미쳤습니다. 마찬가지로 토머스 맬서스(1766-1834)가 쓴 『인구론Essays on Population』은 찰스 다윈(1809-1882)이 진화에 관한 개념을 정리하도록 도왔고 그 결과 과학계의 위대한 고전 『종의 기원Origin of Species』이 탄생했죠. 찰스 라이엘(1797-1875)의 『지질학 원리The Principles of Geology』, 아이작 뉴턴(1642-1727)의 『프린키피아Principia and Opticks』, 애덤 스미스(1723-1790)의 『국부론Wealth of Nations』 같은 책은 여러 세대에 걸쳐 사상가들에게 영감을 불어넣었고 인간과 자연에 대한 이해를 획기적으로 바꿨습니다. 그러나 이 같은 수준의 서적은 전체 책 중 극히 일부분에 지나지 않습니다.

우리는 독서를 통해 위대한 사상가들의 머릿속을 들여다볼 수 있고 인류 지식이 생겨난 복잡한 과정을 배울 수 있습니다. 또한 위대한 인물이 쓴 책은 인류 지식의 전통과 지속성을 보존하는 역할을 담당하며 그 덕분에 우리는 선조들이 이룩한 업적을 넘어서는 미래를 내다볼 수 있죠. 우리는 이 같은 구두 및 문자 의사소통을 통해 미래상을 확장하고 주변으로부터 필요한 피드백을 얻습니다. 이 모든 관찰 및 해석, 확언과 의심, 지식과 지혜를 아우르는 상호간의 의사소통이 과학 활동의 본질을 이루고 있는 것이죠.

그러나 안타깝게도 독자들이 접할 수 있는 좋은 책들은 점점 줄어들고 있습니다. 근래에 출간된 책들 중에서 추천할 만한 책은 손에 꼽을 정도고, 훌륭한 옛날 서적은 쉽게 접할 수 없는 경우가 많습니다. 현재 우리 교육 제도에서 교사들이 보충 교재로 좋은 책을 추천해야겠다는 필요성을 느끼지 않는 경우 또한 많습니다. 그러나 포기할 수는 없습니다. 여전히 어떤 책들은 학문에 관한 인식을 바꾸기도 하고 과거를 새로운 식견으로 바라보도록 이끌고 있으니까요. 또한 어떤 책은 주변 환경을 다루는가 하면 천체를 설명하기도 하죠. 우주에서 자연력이 어떻게 작용하는지 설명하는 책도 있고 미지를 탐사할 태세를 갖출 수 있도록 인도하는 책도 있습니다. '원숙한 사람'이 되려면 이렇게 폭넓은 독서를 해야 합니다.

좋은 책이 되려면 무엇을 갖춰야 할까요? 좋은 책은 좋은 교사와 마찬가지로 일단 독자를 격려할 수 있어야 합니다. 즉, 책에서 다룬 내용을 독자들이 넘어서도록 격려하고, 혁신적인 자세를 취하도록 동기를 부여해야 하며, 책에서 다룬 주제의 심오함을 깨닫도록 이끌어 그 주제에 소속감을 느낄 수 있게 유도해야 합니다. 평범한 교사는 가르치고, 좋은 교사는 잘 설명하고, 훌륭한 교사는 모범을 보이고, 위대한 교사는 격려한다는 말이 있습니다. 이 말은 책에도 그대로 적용할 수 있죠.

과학은 인간과 인간 주변의 환경을 체계적으로 연구하는 학문입니다. 우리는 매일 주변에서 자연적으로나 인공적으로 일어나는 사건사고와 마주칩니다만, 인류가 지금까지 이룩한 모든 업적은 자연 현상을 체계적으로 연구한 결과를 바탕으로 하고 있습니다. 다시 말해 우리는 자연으로부터 지식을 습득해 온 겁니다. 그런데 우리는 자연과 어떻게 대화를 나눌까요? 알다시피 우리가 자연과 일반적인 의미의 대화를 나눌 수는 없습니다. 또한 확실하지 않은 지식도 상당히 많다는 것을 알아야 하죠. 세상에는 '숨은' 사실이 많습니다. 우리는 세심하고 한결같은 눈으로 관찰하고 추론함으로써 많은 것을 배울 수 있지만 분명하지 않은 것을 배우려면 자연에 구체적인 질문을 던져야 합니다. 예를 들어 "우리가 생존을 위해 들이마시는 공기는 단일 성분인가, 아니면 여러 성분의 혼합물인가? 만약 혼합물이라면 그중 호흡에 관여하는 성분은 무엇인가?"와 같은 질문을 할 수 있습니다. 하지만 이런 질문들에 대해 자연이 직접 대답해 주지는 않습니다. 그렇다면 어떤 방법을 취해야 할까요? 그 해답은 바로 실험을 하는 겁니다. 정확한 답을 얻을 수 있을지 없을지 여부는 실험을 어떻게 설계하는가에 달려 있죠.

실험이라고 하면 먼저 난해한 장비와 기구들로 북적이는 실험실 사진과 '과학자'라고 불리는 사람들을 머릿속에 떠올리게 됩니다. 하지만 꼭 그래야 할 필요는 없습니다. 철저한 정식 과학 교육을 받지 않은 사람이라도 자연에서 해답을 얻어내기 위한 실험을 할 수 있습니다. 실험을 함으로써 제2의 마이클 패러데이가 탄생할 수 있을지도 모르죠. 일단은 고무관, 시험관, 알코올램프 같은 간단한 기구만으로도 충분합니다. 물론 이런 평범한 기구로 실험을 설계하기 위해서는 독창성이 필요하죠.

과학과 기술의 토대를 닦은 여러 위대한 과학자들 또한 처음에는 이렇게 간단한 '기구'로 실험을 시작했습니다. 패러데이도 마찬가지였죠. 그는 낡은 병과 잡동사니로 작은 정전기 발생기를 설계했습니다. 다행스럽게도 이 위대한 초창기 과학자들의 업적은 출판물로 남겨졌습니다. 그들은 직접 집필하거나, 누군가가 강의 내용을 받아적어 출판하는 등의 형식으로 자기가 실시한 실험 내용을 다른 사람들과 공유했습니다. 그 중에는 실용적인 과학 지식의 기초를 배우고자 하거나 또는 다른 사람들에게 알려 주고자 하는 사람이라면 읽고 또 읽어야 할 책도 있습니다.

『촛불 하나의 과학The Chemical History of a Candle』이 바로 그런 책입니다. 이 책은 패러데이가 직접 집필한 것이 아니라 1860년과 1861년 크리스마스 휴가 기간에 패러데이가 학생들을 대상으로 실제로 실험을 실시하면서 진행했던 강의의 속기록입니다. 패러데이는 지금까지 지구상에 살았던 가장 위대한 실험 과학자 중 한 명이죠. 패러데이는 과학 교육에 실험학습법을 도입하는 데 막대한 영향을 미쳤으며, 사실 패러데이의 과학적인 발견과 증명이 대성공을 거두었기 때문에 실험 설계와 자연 학습 간의 신뢰 관계가 성립되었다고 해도 과언이 아닙니다. 패러데이는 자연으로부터 배우기 위한 학습의 도구로서 실험을 설계했으니까요.

그는 자기 강의를 듣는 사람이 스스로를 '자연 학교'에 다니는 학생이라고 생각하길 원했습니다. 패러데이가 실시한 실험은 정말 무궁무진합니다. 패러데이는 실험을 통해 현상을 보여주고 증명했으며, 그가 사용한 기구와 기법은 무척 알기 쉬웠으므로 이를 보는 사람들은 아무런 어려움 없이 실험 진행 과정을 이해할 수 있었죠. 이 책『촛불 하나의 과학』을 읽은 사람이라면 분명히 패러데이가 청중들 앞에서 보여준 실험을 직접 해보고 싶다는 충동을 느낄 것이라고 확신합니다. 이 책은 실험 결과와 학습 간의 관계가 얼마나 흥미로운지 아주 인상적으로 보여주고 있기 때문입니다.

제1강

양초 한 자루:

불꽃 - 원료 - 구조 - 운동 - 밝기

영광스럽게도 이 자리에 저와 함께 해주신 여러분께 감사드립니다. 여기에서 무슨 일이 벌어질까 초롱초롱 눈을 빛내고 있는 여러분을 위해 제가 준비한 이야기는 바로 '양초 한 자루 속에 담긴 과학의 역사'입니다. 이전에도 같은 주제로 몇 번 강의를 한 적이 있지만 강의 주제를 마음대로 정할 수 있다면 저는 매년이라도 양초 이야기를 되풀이해서 들려주고 싶습니다. 이 주제에는 흥미진진한 요소들이 넘치고 다양한 분야로 이어지는 통로들이 잔뜩 있기 때문입니다. 세상 만물을 지배하는 원리들 중에 양초와 무관한 법칙은 하나도 없습니다. 누군가 자연과학 공부를 시작하려 한다면 아마도 양초의 물리 현상을 관찰하는 것이 가장 적절하고 손쉬운 방법이 될 것입니다. 다른 어떤 새로운 주제가 제법 훌륭하다 할지라도 양초보다 더 나을 수는 없으므로 이 주제로 여러분을 실망시키는 일은 결코 없을 거예요.

본론에 들어가기 전에 미리 짚고 넘어가고 싶은 부분이 있습니다. 양초라는 주제는 광대하며, 우리는 이를 성실하고 진지하며 과학적으로 다룰 예정이지만 고리타분한 이야기는 가급적 피하고자 합니다. 이전에도 그래왔듯이 저는 제 자신이 이제 막 시작하는 마음으로 여러분에게 이야기하는 특권을 누리고 싶고 괜찮다면 앞으로도 계속 그렇게 해 나가려고 합니다. 앞으로 제가 한 번도 보지 못한 각계각층의 사람들이 지금 제가 이야기하는 내용을 접하겠지만 오늘은 친한 사람들에게 이야기하듯이 편안한 마음으로 설명하겠습니다.

먼저 여러분에게 양초를 무엇으로 만드는지 이야기하겠습니다. 개중에는 아주 특이한 원료도 있습니다. 여기 이 조각들은 불이 특히 잘 붙기로 유명한 나무에서 나온 것입니다. 아일랜드 습지에서 채취한 이 대단히 특이한 나무의 이름은 '양초나무(candle-wood)'[1]입니다. 단단하고 튼튼하여 견고한 목재가 필요한 때에도 제 역할을 다하겠지만 한편으로는 정말 잘 타는 성질로 인해 이 나무가 자라는 지

1 일반적으로 양초나무는 횃불 혹은 양초 대용으로 사용하는 수지가 풍부한 나무를 통칭한다. 특히 아일랜드 습지에서 채취하는 양초나무는 부식 중인 식물성 물질로 이뤄진 유기질 토양 혹은 토탄을 의미한다.

역 사람들은 쪼개서 횃불로 사용합니다. 양초처럼 타오르고 정말 밝은 빛을 내는 이 양초나무는 양초의 일반적 성질을 설명하기에 가장 알맞은 요소를 갖추고 있습니다. 연료가 투입되면 그 연료가 화학 반응이 일어날 장소로 이동하고, 여기에 공기가 일정하게 공급되어 열과 빛이 발생하는 모든 과정이 바로 이 작은 나무 조각에서 이루어지기 때문입니다. 따라서 이 나무는 자연 그대로의 '천연 양초'라고 불릴 만합니다.

하지만 이 자리에서는 시중에 파는 양초에 대해서 이야기해야겠지요. 여기 흔히 '실 심지 양초'라고 불리는 양초 두 자루가 있습니다. 실 심지 양초는 면사를 일정한 길이로 잘라 고리로 매단 다음 면사 둘레에 우지(牛脂, 쇠기름)가 충분히 달라붙을 때까지 녹인 우지에 면사를 담갔다가 꺼내서 식히고, 또 담그기를 반복해서 만듭니다. 제가 들고 있는 이 아주 작고 독특하게 생긴 양초들을 보면 실 심지 양초의 다양한 특성을 알 수 있습니다. 이 양초들은 예전에 광부가 탄광에서 사용하던 것들입니다. 옛날에 광부는 직접 양초를 만들어야 했고 작은 양초를 사용하면 큰 양초를 사용할 때보다 탄광에서 폭발성 가스에 불이 붙을 위험이 적다고 믿었습니다. 이런 이유도 있고 경제적인 이유도 있어서 광부는 우지 1파운드(약 454그램)로 작은 양초를 20개, 30개, 40개, 심지어 60개까지도 만들었습니다. 이후 이런 양초는 스틸 밀(steel-mill, 강철 톱니바퀴를 돌려 부싯돌과 마찰시켜 불꽃을 내는 조명기구—옮긴이)로 대체됐고 그 다음에는 데이비 등[2]을 비롯한 다양한 안전등으로 대체됐습니다. 여기 제가 들고 있는 이 양초는 파슬리 대령이 로열 조지 호[3]에서 찾아냈다고 말한 양초입니다. 이 양초는 오랜 세월 동안 바다 속에 있으면서 소금물의 영향을 받았습니다. 이를 보면 양초가 얼마나 잘 보존될 수 있는지 알 수 있습니다. 상당 부분 금이 가고 떨어져 나가기는 했지만 불을 붙이면 여

2 데이비 등(Davy lamp)은 예전에 광부들이 사용하던 안전등의 일종으로 발명자인 험프리 데이비 경의 이름을 딴 명칭이다.

3 로열 조지 호는 1782년 8월 29일에 스피트헤드에서 침몰했다. 파슬리 대령은 1839년 8월에 화약을 폭발시켜 난파선 잔해를 제거하는 작업을 개시했다. 따라서 패러데이 교수가 보여준 양초는 57년 이상 바닷물의 영향을 받았다.

전히 일정하게 타오르죠. 우지는 열에 녹으면 언제든 고유의 성질을 되찾기 때문입니다.

이번엔 램버스 지역에서 양초를 만드는 필드 씨가 저에게 잔뜩 보내준 아름다운 양초 견본과 원료들을 소개하겠습니다. 먼저 러시아산 우지인 듯한 이것은 황소 콩팥 주변에서 채취한 지방으로 실 심지 양초 제조에 사용됩니다. 게이뤼삭[1]과 그의 공동 연구자가 이 우지에서 스테아린[2]이라는 멋진 물질을 추출했습니다. 우지 옆에 있는 물체가 바로 스테아린입니다. 현재 우리가 쓰는 양초는 일반 우지 양초처럼 끈적거리지 않고 깔끔해서 양초에서 떨어지는 촛농을 흔적도 없이 깨끗하게 긁어내 가루로 만들 수 있을 정도입니다. 이제 게이뤼삭이 어떤 방법을 사용했는지 살펴봅시다. 먼저 우지와 같은 지방에 생석회[3]를 넣어 가열하면 일종의 알칼리 금속염(비누의 주성분—옮긴이)이 생깁니다. 이 알칼리 금속염에 황산을 가하면 석회가 제거되고 지방이 스테아르산으로 바뀌는 동시에 다량의 글리세린이 생성됩니다.[4] 이 화학 변화에서 우지로부터 설탕과 유사한 단맛을 내는 글리세린[5]

촛불 하나의 과학

---

1 게이뤼삭(Gay—Lussac, 1778-1850)은 프랑스 화학자이자 물리학자다. 그는 1808년에 붕소를 발견했고 기체끼리 결합하는 반응에서 기체 부피 사이에는 간단한 정수비가 성립한다는 법칙(기체 반응의 법칙)도 발견했다.

2 스테아린은 스테아르산의 글리세린에스테르[$C_3H_5(C_{18}H_{35}O_2)_3$]다. 공업용 스테아린은 주로 양초 제조에 쓰인다.

3 생석회는 산화칼슘(CaO)의 관용명으로 화학 산업에 널리 사용된다. 생석회에 물을 가하면 소석회가 생기며[$CaO+H_2O$->$Ca(OH)_2$] 소석회의 현탁액을 석회유라고 한다.

4 우지와 같은 지방은 지방산과 글리세린이 결합된 화합물이다. 석회는 팔미트산, 올레산, 스테아르산과 결합하며 글리세린을 분리한다. 세척 과정을 거친 뒤 불용성 석회염을 고온의 묽은 황산 용액으로 분해한다. 이렇게 해서 녹은 지방산이 기름으로 변해 표면에 떠오르면 다른 용기로 옮겨 붓는다. 이를 다시 세척해서 얇은 틀에 넣은 다음 굳으면 코코넛 매트 층 사이에 넣어 강한 압력을 가한다. 이 과정에서 부드러운 올레산은 압착돼 나오는 반면 단단한 팔미트산과 스테아르산은 남는다. 더 높은 온도에서 남은 팔미트산과 스테아르산에 압력을 가해 정제한 다음 따뜻한 온도의 묽은 황산 용액으로 세척하면 양초 원료가 생성된다. 팔미트산과 스테아르산은 그 원료인 지방보다 더 단단하고 희며 동시에 더 깨끗하고 잘 연소된다.

5 글리세린은 글리세롤이라고도 하며 단맛이 나고 끈적끈적한 무색 액체다. 글리세린은 거의 모든 동물성 및 식물성 기름과 지방에 주로 팔미트산, 스테아르산, 올레산의 글리세롤 에스테르 형태로 존재한다.

이 나옵니다. 여기에 압력을 가하면 기름이 나오는데 압력을 점점 증가시키면 기름과 함께 불순물이 말끔하게 제거되어 여기 보이는 납작하고 단단한 덩어리가 남습니다. 이 물질을 녹여서 틀에 넣어 굳히면 양초가 되는 겁니다. 제가 들고 있는 이 양초는 지금 설명한 방법을 이용해 우지에서 추출한 스테아린으로 만든 스테아린 양초입니다. 이밖에도 향유고래[6]에서 얻은 정제 기름으로 만든 경랍(鯨蠟, 고래 기름) 양초도 있고, 황색 밀랍과 정제 밀랍으로 만든 양초도 있습니다. 또한 파라핀[7]이라고 하는 진기한 물질로 만든 양초도 있는데 어떤 것은 아일랜드 습지에서 채취한 파라핀으로 만듭니다. 그리고 이것은 배려심 깊은 제 친구가 저 멀리 일본에서 보내준 밀랍입니다. 우리가 새로운 세상의 문호를 개방한 덕분에 양초를 만들어 줄 원료가 하나 더 늘어난 것이죠.

그렇다면 이런 양초는 어떻게 만들어질까요? 실 심지 양초는 이미 설명했고, 이제 주형 양초를 어떻게 만드는지 설명하겠습니다. 먼저 여기 있는 양초가 모두 녹여서 틀에 부을 수 있는 물질로 이루어졌다고 가정해 봅시다. 여러분은 "주물이군요! 하긴 양초는 녹는 물질이고 녹일 수 있으면 분명히 주물도 가능하겠죠."라고 말할 것입니다. 하지만 꼭 그렇지는 않습니다. 원하는 결과를 얻기 위한 최선의 방법을 고려하는 과정에서 예상치 못한 사실을 발견하는 것은 멋진 일이 아닐 수 없습니다. 양초는 항상 주물로 만들어지는 것이 아닙니다. 밀랍 양초는 절대 주물로 만들 수 없죠. 그 과정을 설명하는 데 많은 시간을 할애할 수는 없겠지만 밀랍 양초를 만드는 독특한 방식은 잠시 후에 간략하게라도 설명드리겠습니다. 양초로 만들면 아주 잘 타고 쉽게 녹는 밀랍이지만 주물에는 적합하지 않습니다. 그렇다면 일단 주물에 사용할 수 있는 원료부터 살펴봅시다. 여기 주형이 여러 개 있는 틀이 있습니다. 먼저 할 일은 주형에 심지를 꽂는 것입니

6 향유고래는 대형 이빨고래로 몸길이가 18미터에 달한다. 향유고래 머리 부분에서 추출한 기름을 냉각 압착한 물질을 경랍이라고 한다. 향유고래 두강(頭腔)이나 돌고래 및 쇠돌고래 기름에서 얻은 왁스 역시 경랍이라고 부르기도 한다. 경랍은 연고, 화장품, 고급 양초, 직물 가공에 사용한다.

7 파라핀은 포화탄화수소다. 파라핀을 만드는 주요 원료는 광유, 즉 석유다. '파라핀'은 라틴어로 친화력 혹은 반응성이 거의 없다는 뜻이다.

다. 가는 철사로 지지되어 있는 이 심지처럼 실을 꼬아 만들면 불을 끌 때 끝 부분을 자르거나 손가락으로 비비지 않아도 됩니다.[1] 이제 심지 끝을 바닥에 닿게 하고 작은 핀으로 고정합니다. 이 핀이 심지를 단단하게 고정시키고 구멍을 막아 액체가 새는 것을 방지해 줄 겁니다. 그리고 주형 윗부분에 걸쳐 놓은 작은 막대는 심지를 팽팽하게 당겨 주형 안에 고정시키는 역할을 합니다. 그 다음 우지를 녹여 주형을 채웁니다. 어느 정도 시간이 지나 주형이 식으면 여분의 우지는 한쪽 귀퉁이에 따라내고 깨끗하게 닦은 다음 심지 끝을 잘라냅니다. 이제 주형에는 완성된 양초만이 남게 됩니다. 주형 양초는 윗부분이 아랫부분보다 좁은 원뿔 모양으로 만들기 때문에 지금 제가 하는 것처럼 뒤집기만 하면 양초가 떨어져 나옵니다. 형태도 원뿔이지만 식으면서 부피가 줄어들므로 조금 흔들기만 해도 틀에서 쉽게 떨어지는 것이죠. 스테아린 양초와 파라핀 양초는 이런 방법으로 만듭니다. 반면에 밀랍 양초는 무척 특이한 방법으로 만듭니다. 여기 보이는 대로 틀에 면사를 잔뜩 매달고 그 끝에 쇠붙이를 씌워 심지 끝 부분에는 밀랍이 묻지 않도록 합니다. 이것을 녹인 밀랍이 있는 가열 기구로 가져가는데 보다시피 이 틀은 회전이 가능합니다. 이제 틀을 회전시키면서 심지에 차례차례 밀랍을 붓기 시작합니다. 틀이 한 바퀴 돌았을 때 밀랍이 충분히 굳었다면 다시 밀랍을 부어 다음 층을 입히고 원하는 두께가 될 때까지 반복하는 것이죠. 원하는 두께에 이른 양초는 틀에서 꺼내서 따로 보관해 둡니다. 여기에는 친절한 필드 씨가 주신 밀랍 양초 견본이 몇 가지 있습니다. 아직 완성 전인 이런 양초를 고운 석판 위에서 갈아 모양을 다듬고 윗부분을 원뿔 모양으로 만든 뒤 아랫부분을 잘라내 다듬으면 완성품이 되는 것입니다. 이 과정은 대단히 정교하게 이뤄지며 숙련된 직공은 파운드 당 4자루 내지 6자루, 혹은 그 이상의 양초도 만들 수 있습니다.

양초 제조 방법에만 시간을 할애할 수는 없으니 이제는 양초를 좀 더 깊이 파고들어 보겠습니다. 아직까지 여러분에게 양초의 화려함을 언급하지 않았습니다만 양초는 더할 나위 없이 화려해질 수 있

1 재가 잘 녹도록 붕사나 인산염을 소량 첨가하기도 한다.

습니다. 이 양초들의 색깔이 얼마나 아름다운지 보십시오. 연보라색이나 진홍색도 있고 최근에 도입된 화학 염료[2]를 적용한 양초도 있습니다. 모양도 무척 다양하죠. 세로로 홈을 새긴 이 기둥 모양의 양초는 형태가 정말로 아름답습니다. 또한 펄솔 씨가 보내주신 이 양초는 불을 붙이면 마치 위에는 태양이 빛나고 아래에는 꽃다발이 있는 것처럼 보이도록 장식되어 있습니다. 하지만 정교하고 아름답다고 해서 유용하기까지 한 것은 아닙니다. 이렇게 홈을 새긴 양초는 보기에는 아름답지만 외부 형태로 인해 양초의 본래 기능은 떨어지기 마련입니다. 저의 친절한 지인들이 견본을 보내줬으니 어떤 세공을 했는지 잘 볼 수 있도록 방향을 돌려가며 여러분에게 보여드리겠습니다만, 말씀드렸듯이 이렇게 정교하게 세공을 하면 실용성은 다소 희생할 수밖에 없습니다.

이제 양초의 빛에 관해 이야기하겠습니다. 여기 양초 한두 자루에 불을 붙여서 제 기능을 발휘하며 타오르도록 해보죠. 양초는 등불과 무척 다르다는 사실을 알 수 있을 겁니다. 등을 사용할 때는 등잔에 기름을 채우고 토탄(土炭, 탄화 정도가 낮은 석탄의 일종—옮긴이)이나 인공적인 수단으로 만든 면사로 심지를 세운 다음 심지 끝에 불을 붙입니다. 불꽃이 심지를 타고 내려가서 기름에 닿는 부분은 불이 꺼지지만 그 윗부분은 계속 타오릅니다. 이제 여러분은 분명히 그 자체에는 불이 붙지 않는 기름이 어째서 심지를 타고 올라가면 타오르는지 궁금할 것입니다. 그 문제는 잠시 후에 살펴보겠습니다. 그러나 양초가 연소할 때는 이보다도 훨씬 놀라운 상황이 벌어집니다. 양초는 고체인데다가 등잔과 달리 연료를 담는 그릇도 없습니다. 이 고체가 어떻게 해서 불꽃이 타오르는 곳까지 이르게 될까요? 액체도 아닌 고체가 어떻게 거기까지 닿을 수 있을까요? 액체가 됐을 때 양초는 어떻게 형태를 유지할 수 있을까요? 이런 성질이 양초의 흥미로운 부분입니다.

이곳에는 바람이 상당히 불고 있습니다. 바람은 실험에 도움이 되

2 여기에서 화학 염료는 합성 착색제를 의미한다.

기도 하지만 방해가 되기도 합니다. 일정한 결과를 확보하고 현상을 단순화하기 위해 불꽃이 흔들림 없이 타오르도록 만들어 보겠습니다. 연구 대상과 무관한 방해 요소가 끼어들면 그 대상을 제대로 연구할 수 없을 테니까요. 여기 보이는 이 물건은 토요일 밤, 행상인이나 노점상이 야시장에서 채소, 감자, 생선 따위를 팔 때 촛불을 가리기 위해 사용하는 기발한 발명품입니다. 저는 이를 보면서 자주 감탄했습니다. 상인들은 양초 둘레에 유리로 된 등피(燈皮)를 이를 고정하는 등피받침에 괴어서 놓습니다. 이렇게 하면 필요에 따라서 등피를 위아래로 움직일 수 있고 등피가 바람막이가 되어 촛불이 흔들림 없이 타오르므로 실내에서와 같이 불꽃을 신중하게 관찰할 수 있습니다.

타오르는 양초를 자세히 살펴보면 양초 윗부분이 예쁘게 패인 컵 형태를 띠고 있다는 사실을 알 수 있습니다. 공기가 양초에 닿으면 양초의 열기가 생성하는 기류의 힘에 의해 위로 움직입니다. 또한 공기는 밀랍이나 우지와 같은 연료의 둘레를 식히므로 가장자리 온도는 내부 온도에 비해 훨씬 낮게 유지됩니다. 양초 내부는 불꽃이 심지를 타고 내려가서 꺼지는 부분까지 녹아 있지만 그 둘레는 녹지 않습니다. 그런데 제가 한쪽 방향으로 바람을 일으킨다면 이 예쁜 컵 모양이 기울게 되고 결국에는 촛농이 넘쳐흐르게 됩니다. 촛농이 수평을 유지하도록 작용하고 있던 중력의 힘이 이제는 수평에서 벗어난 컵 모양에서 촛농이 흘러내리게 하는 것이죠. 즉 여기 이 양초 윗부분의 컵 모양은 사방에서 일정하게 작용하면서 양초 외벽을 냉각시키는 상승 기류로 인해 형성되는 겁니다. 이런 컵 모양이 만들어지는 성질을 지니지 못한 물질은 양초 원료로 적절하지 않습니다. 다만 아일랜드 양초나무는 예외입니다. 이 나무는 조직이 마치 스펀지 같으면서 그 자체에 연료를 품고 있기 때문입니다. 이렇게 해서 여러분은 앞에서 보여준 아름다운 양초들에 불을 붙였을 때 잘 타지 않는 이유를 알게 됐습니다. 이런 세공 양초는 형태가 불규칙하고 여기저기 틈이 있기 때문에 양초에서 가장 중요한 역할을 담당하는 완전한 컵 모양이 형성될 수 없습니다. 이제 여러분은 온전한 작용, 즉 실용성이 외관보다 더 중요한 요소임을 깨달았을 것입니다. 우리에게 가장 이로운 물건은 가장 예쁜 물건이 아니라 본연의 기능을 제대로 하는 물건입니다. 이 양초는 예쁘기는 하지만 잘 타지 않습니다. 불규칙한 기류가 형성되고 그로 인해 컵 모양이 제대로 만들어지지 않기 때문에 양초 둘레에 홈이 생기게 됩니다. 양초 한쪽에 생긴 홈으로 촛농이 흘러내려 다른 부분보다 더 두껍게 되는 모습을 관찰하면 상승 기류의 작용을 잘 알 수 있을 겁니다. 이런 상태의 양초를 계속 태우면 흘러내린 촛농이 계속 쌓이고 측면에 달라붙어서 기둥을 형성합니다. 촛농이 양초 위로 더 높게 쌓이면서 그 부분만 공기가 더 잘 순환되고, 더 잘 냉각되고, 불꽃 열기의 작용에 더 잘 저항하기 때문입니다. 다른 많은 경우에도 그렇지만 양초와 관련해서도 실수와 잘못을 저지를 때 우리는 종종 그런 실수를 하지 않았더라면 얻을 수 없었던 가르침도 함께 얻습니다. 바로 이럴 때 우리는 과학자가 됩니다. 어떤 결과가 나타났을 때, 특히 그 결과가 전에 없던 결과라면 “원인은 무엇일까? 왜 그런 결과가 나타났을까?”라고 의문을 품어야 합니다. 그러면 언젠가 그 이유를 알게 될 것입니다.

양초와 관련하여 한 가지 더 궁금한 사항이 있습니다. 바로 양초 윗부분의 컵 모양에 담긴 촛농이 어떤 원리로 연소가 일어나는 곳까지 심지를 타고 올라가는가 하는 문제입니다. 밀랍이나 스테아린, 그리고 경랍으로 만든 양초 심지에 불을 붙이면 그 불꽃은 양초 자체를 태우거나 양초 전체를 한꺼번에 녹이는 일 없이 항상 일정한 위치에 머물러 있습니다. 즉 이 불꽃은 아래에 있는 촛농에서 떨어진 상태로 머물면서 양초 윗부분의 컵 둘레를 잠식하지 않습니다. 양초가 연소할 때 한 부분이 다른 부분을 끝까지 촉진하는 모습은 어떤 것이 적절하게 조절되고 있는 상태를 보여주는 가장 아름다운 예라고 하겠습니다. 양초 같은 가연성 물질이 결코 불꽃에 침범당하지 않으면서 조금씩 타오르는 광경은 아주 아름답습니다. 특히 그 불꽃은 대단히 강력해서 양초에 닿으면 그 자체를 완전히 파괴할 수 있으며 심지어 가까이 다가가기만 해도 그 형체를 망가뜨릴 위력을 지니고 있다는 사실을 생각하면 더더욱 그렇습니다.

그렇다면 이 불꽃은 어떻게 연료를 공급받을까요? 그 과정에는

'모세관 인력(毛細管 引力)'이라고 하는 멋진 원리가 작용합니다. 여러분은 "모세관 인력이라니, 털의 인력인가요?"라고 물을지도 모르겠네요.[1] 이름에는 신경 쓸 필요가 없습니다. 모세관 인력이라는 명칭은 우리가 그 힘을 제대로 이해하기 전인 아주 옛날에 생긴 이름이니까요. 어쨌든 양초의 연료는 이 모세관 인력이라는 현상에 의해 연소가 일어나는 곳까지 이동하며 그 주변에서 일어나는 작용들의 중심에서 대충이 아니라 아주 아름답게 축적됩니다. 이제 여러분에게 모세관 인력이 나타나는 한두 가지 예시를 알려드리겠습니다. 모세관 인력은 서로 용해되지 않는 두 물질이 함께 밀착되도록 만드는 작용입니다. 예를 들어 손을 씻을 때 우리는 손 전체를 물에 충분히 적시는데 이 때 비누칠을 하면 접착력이 높아져 젖은 상태가 오래 유지됩니다. 바로 모세관 인력에 의한 현상이죠. 만약 손이 더럽지 않은 상태라면(일상생활을 하다보면 손은 언제나 다소 더러운 상태입니다만) 손가락을 미지근한 물에 넣었을 때 물이 손가락을 타고 약간 올라오는 것이 보일 겁니다. 자세히 관찰하지 않으면 모르고 지나칠 정도이지만요.

그림1

1 모세관 인력 혹은 모세관 척력은 모세관에서 액체를 상승 혹은 하강시키는 원인이 되는 힘이다. 양 끝이 뚫린 온도계 관을 물에 넣으면 모세관 인력이 작용하여 관 내부의 수면이 외부의 수면보다 상당히 높게 올라간다. 반대로 온도계 관을 수은에 넣으면 모세관 척력이 작용하여 관 내부의 수은 표면이 외부 수은 표면보다 내려간다.

여기 이 접시에는 다공성(多孔性) 물질인 소금이 기둥처럼 쌓여 있습니다(그림 1). 여기에 어떤 액체를 붓겠습니다. 언뜻 보기에는 물처럼 보이지만 사실은 소금 포화용액이므로 이 액체에는 더 이상 소금이 녹지 않습니다. 따라서 앞으로 관찰하게 될 현상은 용해가 아닙니다. 여기 이 접시를 양초, 소금을 심지, 용액을 촛농이라고 가정해 봅시다. 여기서 일어나는 현상을 관찰하기 쉽도록 용액에 푸른 색소를 넣었습니다. 소금 포화용액을 접시에 부으면 서서히 소금 기둥을 타고 점점 더 높이 올라갑니다. 소금 기둥이 무너지지 않는다고 가정하면 용액이 꼭대기까지 다다를 것입니다. 만약 이 푸른 용액이 가연성이고 소금 기둥 꼭대기에 심지를 꽂아 불을 붙인다면 심지가 타고 들어가면서 연소할 것입니다. 이런 현상이 일어나는 모습을 지켜보고, 이런 상황이 얼마나 특별한지 관찰하는 일은 대단히 흥미롭습니다.

우리는 손을 씻은 후 수건으로 물기를 닦습니다. 수건이 물에 젖는 현상이나 심지가 촛농에 젖는 현상은 모두 모세관 인력 때문에 나타납니다. 덜렁거리는 학생들(사실 조심성 있는 사람들이 그럴 때도 있습니다만)은 손을 씻고 수건으로 손을 닦은 다음 수건을 세면대에 걸쳐 놓곤 합니다. 그러면 곧 수건이 세면대에 있는 물을 전부 빨아들여 바닥으로 물방울이 뚝뚝 떨어지게 됩니다. 세면대에 걸친 수건이 마치 사이펀(siphon, 대기압을 이용해 액체를 높은 곳에서 낮은 곳으로 옮길 때 쓰는 관—옮긴이)처럼 작용하기 때문입니다.[2] 이 원리가 어떤 물질에 작용하는 방식을 더 쉽게 관찰할 수 있도록 여기에 철망으로 만든 그릇을 준비했습니다. 우리는 이것을 면사나 옥양목과 비교할 수 있을 겁니다. 실제로 일종의 철망으로 심지를 만들기도 하니까요. 보다시피 이 그릇에는 구멍이 많이 나 있으므로 위에서 물을 부으면 그대로 통과해 아래로 빠져나옵니다. 여러분에게 이 그릇이 어떤 상태인지, 그릇 안에는 무엇이 들어 있는지, 왜 그것이 그

2 고(故) 서섹스 공작(Duke of Sussex)은 이 원리로 새우를 씻을 수 있다는 사실을 처음으로 증명했다. 새우 꼬리의 껍질 부분을 뗀 다음 꼬리 쪽을 물이 든 잔에 넣고 머리 쪽이 바깥으로 가도록 걸쳐 두면 모세관 인력에 의해 꼬리가 물을 빨아올리며 잔에 든 물이 빠져나가서 꼬리가 수면 밖으로 드러날 때까지 물은 계속해서 머리 쪽으로 흐른다.

안에 있는지 묻는다면 분명히 당황할 겁니다. 이 그릇에는 물이 가득 차 있습니다만 보다시피 위에서 새로 물을 부으면 마치 텅 비어 있었던 것처럼 부은 만큼의 물이 아래로 빠져나옵니다. 이런 현상이 일어나는 이유는 다음과 같습니다. 이 철망은 일단 물에 적시면 젖은 상태가 유지됩니다. 아주 촘촘한 철망이 액체를 아주 세게 끌어당기므로 구멍이 있음에도 불구하고 그릇 안에 액체가 담겨 있을 수 있는 것이죠. 이와 같은 원리로 촛농 입자도 면 심지를 타고 올라가 꼭대기에 이르게 됩니다. 그러면 먼저 올라간 입자가 상호 인력에 의해 다른 입자를 끌어당기고 불꽃에 닿는 차례대로 연소되는 겁니다.

같은 원칙이 적용되는 예를 하나 더 소개하겠습니다. 여기 나뭇가지 조각이 있습니다. 어른처럼 보이고 싶어서 안달 난 소년들이 나뭇가지에 불을 붙여서 담배 피우는 흉내를 내는 모습을 길에서 보곤 합니다. 나뭇가지로 담배 피우는 흉내를 낼 수 있는 이유는 나뭇가지에 침투성이 있고 모세관 인력이 작용하기 때문입니다. 대체적으로 그 성질이 파라핀과 무척 유사한 캄펜[1]이 담긴 접시에 이 나뭇가지 조각을 넣으면 푸른 소금 포화용액이 소금 기둥을 타고 올라가듯이 캄펜 역시 나뭇가지 조각을 따라 올라옵니다. 옆면에는 구멍이 없으므로 캄펜은 옆 방향으로 흐르지 않고 가지를 따라 통과하게 됩니다. 벌써 캄펜이 나뭇가지 끝까지 타고 올라왔습니다. 이제 여기에 불을 붙여서 양초 대신 사용할 수도 있습니다. 촛농이 면 심지를 타고 올라가듯이 캄펜 역시 모세관 인력에 의해 나뭇가지를 타고 올라 올 겁니다.

양초에 불을 붙였을 때 불이 심지를 타고 내려가 양초 전체를 태우지 않는 이유는 촛농이 불꽃을 끄기 때문입니다. 불을 붙인 양초를 거꾸로 들면 촛농이 심지를 덮쳐서 불이 꺼지게 됩니다. 또한 촛농이 조금씩 심지를 타고 올라오는 정상적인 연소 상태의 경우 불꽃이 양초에 충분히 열을 가할 수 있지만 양초를 거꾸로 들면 불꽃이 촛농을 가열할 시간이 충분하지 않습니다.

---

1 캄펜(camphene)은 무색의 결정으로 물에 녹지 않는 물질이다. 화학적으로 캄펜은 포화 고리 탄화수소다. 테레빈유를 비롯한 여러 기름 속에 존재하며 합성 장뇌 제조에 주로 사용한다.

양초와 관련하여 배워야 할 중요한 조건이 하나 더 있습니다. 이를 모르면 양초의 원리를 완전히 이해할 수 없습니다. 바로 촛농이 증기를 생성하는 상태입니다. 여러분이 이 상태를 이해할 수 있도록 아주 적절하면서도 흔한 실험을 하겠습니다. 양초를 불어서 끄면 증기가 피어오르는 모습을 볼 수 있습니다. 꺼진 양초에서 피어나는 증기는 대개 아주 지독한 냄새를 풍기죠. 하지만 양초를 잘 끄면 고체인 양초가 증기로 변하는 모습을 제법 잘 관찰할 수도 있습니다. 주변 공기를 흩트리지 않도록 조심스럽게 입김을 불어서 여기 있는 양초 중 하나를 꺼보겠습니다. 그 다음 점화용 심지에 불을 붙여 양초 심지에서 5센티미터에서 7센티미터 정도 떨어진 위치로 가져가면 불길이 공기를 통해 양초까지 도달하는 모습을 보게 될 것입니다(그림 2). 이 과정은 재빠르게 실행해야 합니다. 꾸물거리다가 증기가 냉각되면 액체나 고체로 응결되거나 가연성 물질의 흐름이 흐트러지기 때문입니다.

그림 2

이제 불꽃의 모양, 즉 형태에 대해 알아봅시다. 양초를 구성하는 물질이 심지 꼭대기에서 어떤 양상을 띠고 있는지는 무척 흥미로운 관심사입니다. 우리는 연소, 즉 불꽃만이 만들어낼 수 있는 아름다움과 밝음을 볼 수 있죠. 금과 은은 눈부시게 아름답고 루비와 다이아몬드 같은 보석이 내뿜는 광채는 더욱더 아름답지만 불꽃이 내는 찬란함과 아름다움에 비할 바는 못 됩니다. 다이아몬드가 과연 불꽃처럼 빛날 수 있을까요? 다이아몬드는 불꽃이 비춰 주기 때문에 빛나는 것일 뿐입니다. 반면 양초는 자신을 준비한 사람을 위해 홀로, 스스로 빛을 내는 존재이죠. 지금부터 잠시 유리 등피 속에서 타고 있는 불꽃의 형태를 살펴보도록 하겠습니다. 등피를 씌운 불꽃은 흔들림 없고 한결같습니다. 전반적인 형태는 그림3에 나타난 모습과 같지만 공기의 움직임이나 양초의 크기에 따라 달라질 수 있습니다. 이 불꽃은 밝은 타원형으로 아래쪽에 비해 위쪽이 더 밝고 중심에 심지가 있으며 중심부 심지 양쪽은 아래쪽을 향할수록 더 어두운 부분이 나타납니다. 위쪽에 비해 연소가 불완전하기 때문에 어두워 보이는 것이죠.

그림 3

여기 이 그림은 후커가 오래 전 불꽃을 연구할 당시 등불의 불꽃을 보고 그린 것이지만 양초의 불꽃도 마찬가지입니다. 양초 윗부분의 컵 모양은 등잔에 해당하고 녹은 경랍은 기름에 해당하며 심지는 등불이든 양초든 공통적으로 가지고 있는 것입니다. 후커는 여기에 작은 불꽃을 그린 다음, 눈에 보이지는 않지만 실제로 불꽃에서 피어나오는 물질을 표현했습니다. 여러분이 이 강의를 들은 적이 없다거나 이 주제에 대해 잘 모른다면 알 수 없는 물질이겠지요. 후커는 이 그림에서 불꽃이 타오르는 데 필수적이며 항상 불꽃과 함께 있는 주변 공기를 표현했습니다. 여기에는 기류가 존재하고 그 기류가 불꽃을 끌어올리고 있습니다. 여러분이 보는 불꽃은 기류의 영향으로 타오르고 있고 후커가 이 그림에서 기류의 연장선을 그려서 표현한 것처럼 상당히 높은 곳을 향해 타오릅니다. 불을 붙인 양초를 햇볕이 내리쬐는 곳에 두고 그 그림자를 종이에 비춰보면 이 현상을 관찰할 수 있습니다. 다른 물체를 비춰 그림자를 만들 수 있을 만큼 밝은 빛을 내는 촛불의 그림자를 백지에 드리워 관찰할 수 있다니 정말 신기합니다. 이 방법으로 우리는 불꽃의 일부분이 아니라 불꽃을 위로 끌어올리는 불꽃 주변의 전체 흐름을 볼 수 있습니다.

지금 저는 볼타 전지로 전등을 켜서 태양을 모방해 보려고 합니다. 여기 밝게 빛나는 전등이 태양이라고 가정합시다. 전등과 스크린 사이에 양초를 놓으면 불꽃의 그림자가 스크린에 비칩니다. 양초 그림자와 심지 그림자가 보이고 그림4에 표현된 것처럼 어두운 부분과 그에 비해 좀 더 밝은 부분이 있습니다. 하지만 신기하게도 불꽃의 그림자에서 가장 어둡게 보이는 부분이 실제로는 가장 밝은 부분입니다. 그리고 후커가 그림에서 표현했듯이 뜨거운 공기의 상승 기류가 불꽃을 끌어올리면서 공기를 공급하고 촛농이 담긴 양초 윗부분의 컵 모양 둘레를 식히는 모습도 볼 수 있습니다.

그림4

불꽃이 기류에 따라 어떻게 위로 혹은 아래로 향하는지 좀 더 자세히 설명해 보겠습니다. 여기 불꽃이 있습니다. 촛불은 아니지만 지금쯤이면 여러분은 일반화해서 이해할 수 있을 겁니다. 지금부터 불꽃을 위로 향하게 하는 상승 기류를 하강 기류로 바꿔 보겠습니다. 여기 있는 간단한 장치를 이용해서 쉽게 바꿀 수 있습니다(그림 5). 앞에서 말했듯이 이 불꽃은 촛불이 아니라 알코올을 연료로 피운 불꽃이기 때문에 연기가 그리 많이 나지 않습니다. 또한 알코올에 어떤 물질[1]을 섞어 불꽃에 색깔을 넣었으므로 그 궤적을 쉽게 추적할 수 있습니다. 순수한 알코올만 태워서는 불꽃 방향을 제대로 보기 어려우니까요. 여기 알코올에 붙은 불꽃을 그대로 공기 중에 두면 자연스럽게 위를 향해 타오릅니다. 이제 여러분은 보통 상태에서 불꽃이 위로 타오르는 이유를 잘 알고 있을 것입니다. 바로 연소에 의해 발생한 기류가 위로 향하기 때문입니다. 하지만 위에서 이 불꽃에 바람을 쏘이면 기류의 방향이 변하면서 불꽃이 이 작은 굴뚝 속으로 들어가게 만들 수 있습니다. 이 강의를 끝내기 전에 여러분에게 불꽃이 위로 타오르고 연기는 아래로 내려가거나 반대로 불꽃이 아래로 내려가고 연기는 위로 올라가는 등불을 보여 드리겠습니다. 이를 보면 불꽃 방향을 다양하게 바꿀 수 있다는 사실을 알게 될 것입니다.

그림 5

1 알코올에 염화구리를 첨가했다. 이렇게 하면 아름다운 녹색 불꽃이 생긴다.

여러분에게 알려 주고 싶은 사항이 몇 가지 더 있습니다. 여기 보이는 여러 불꽃들은 주변 기류가 바뀔 때마다 형태가 가지각색으로 변화합니다. 하지만 원한다면 불꽃을 고정된 상태처럼 보이도록 만들어서 사진을 찍을 수도 있습니다. 실제로 불꽃의 특징을 낱낱이 알아내려면 고정된 상태를 볼 수 있도록 사진을 찍어야 합니다. 그러나 제가 하고 싶은 말은 그것이 전부가 아닙니다. 잠잠한 불꽃도 충분히 크게 만들어 보면 균일하고 일정한 형태가 아니라 무척 경이로운 생기로 불타오르는 것을 볼 수 있습니다. 이번에는 양초의 원료인 밀랍이나 우지의 성질을 아주 잘 보여주는 다른 연료를 써 보겠습니다. 여기 이 커다란 솜뭉치가 심지 역할을 할 것입니다. 솜뭉치를 알코올에 담근 다음 불을 붙여 보죠. 이렇게 하면 일반 양초와 어떻게 다를까요? 이 불꽃은 촛불과는 다른 종류의 활기와 힘, 그리고 아름다움과 생명력이 느껴집니다. 날름거리듯이 타오르는 이 모습을 보세요. 이 불꽃은 양초와 마찬가지로 아래에서 위로 타오르는 일반적인 불꽃의 성질을 지니고 있습니다. 하지만 동시에 양초와 달리 불길이 갈라지듯이 타오르는 모습을 볼 수 있습니다. 왜 이런 모습으로 불길이 타오를까요? 그 이유를 여러분에게 꼭 알려드리고자 합니다. 이를 완전하게 이해하면 앞으로 이야기할 강의 내용을 더 잘 따라올 수 있기 때문입니다. 여러분 중에는 지금부터 보여 주고자 하는 실험을 이미 해본 사람도 있을 것입니다. 바로 금어초 놀이[2] 말입니다. 금어초 놀이는 불꽃의 원리를 무척이나 아름답게 설명하는 예입니다. 먼저 여기에 접시가 있습니다. 금어초 놀이를 제대로 하려면 접시를 잘 데워야 합니다. 또한 건포도와 브랜디도 데워야 합니다만 이 실험에서는 데우지 않았습니다. 브랜디를 접시에 따르면 컵과 연료가 준비되는 것과 마찬가지입니다. 이때 건포도는 심지 역할을 하겠죠? 이제 접시에 여러 개의 건포도를 넣고 브랜디에 불을 붙이면 앞에서 말한 아름다운 불꽃들이 나타납니다. 접시 둘레를 넘어 들어오는 공기가 이렇게

2 금어초 놀이를 할 때는 금어초를 다른 물질과 함께 태운다. 금어초는 식물의 일종으로 그 꽃을 가리키기도 한다. 가장 많이 재배하는 종류는 장식용 금어초로 높이는 30센티미터에서 80센티미터에 달하고 화려한 색상의 꽃이 피며 두 갈래로 갈라진 꽃잎이 용의 입을 닮았다고 해서 영어로는 스냅드래곤(snapdragon)이라고 부른다.

날름거리는 불길을 형성합니다. 왜 그럴까요? 기류의 힘과 불꽃의 불규칙한 움직임이 더해져서 공기가 균일하게 흐를 수 없기 때문입니다. 공기가 지극히 불규칙하게 흐르므로 원래는 균일한 하나의 모양을 형성했을 불꽃이 여러 형태로 갈라지고 각각의 작은 불길이 독립적으로 자기 존재를 주장하게 됩니다. 말하자면 개별 양초가 여러 개 모여 있는 양상이라고 할 수 있겠습니다. 어떤 한순간에 여러 갈래의 불길을 포착했다고 해서 불꽃이 그런 특이한 모양이라고 단정해서는 안 됩니다. 불꽃의 형태는 매순간 바뀌기 마련이죠. 좀 전에 여러분이 본 솜뭉치에서 피어오른 불꽃처럼 절대적이라는 말은 불꽃과 어울리지 않습니다. 우리 눈은 다양한 형태의 불꽃이 아주 빠르게 연달아 나타나는 광경을 어느 순간 한꺼번에 인식할 뿐입니다. 이전에 저는 그런 일반적인 성질을 지닌 불꽃을 분석한 적이 있습니다. 그림6은 불꽃을 구성하는 여러 부분을 표현한 것입니다. 불꽃은 동시에 이런 모습으로 나타나지 않습니다. 불꽃이 아주 빠른 속도로 연속해서 형태를 바꾸기 때문에 어떤 순간에만 이렇게 존재하는 듯이 보일 뿐입니다.

그림 6

강의를 금어초 놀이에서 멈추게 돼서 아쉽지만 어떤 경우에도 여러분의 시간을 예정보다 더 빼앗아서는 안 되겠죠. 여기에서 교훈을 얻어 앞으로는 곁가지에 너무 많은 시간을 할애하는 대신 본론에 좀 더 집중하도록 하겠습니다.

제2강

양초 한 자루:

불꽃의 밝기 - 연소에 필요한 공기 - 물의 생성

지난번 강의 시간에 우리는 양초가 녹아서 생성되는 촛농의 일반적인 성질과 작용을 비롯하여 촛농이 연소 발생 지점에 도달하는 방식을 알아보았습니다. 일정하고 흔들림 없는 공기 속에서 양초를 태우면 앞 시간에 본 그림3과 같은 형태를 띠게 되며 무척 특이한 성질을 지니면서도 겉으로는 균일한 양상을 보입니다. 이번 시간에는 불꽃의 각 부분에서 어떤 작용이 일어나며 그런 일이 일어나는 이유는 무엇인지, 그래서 양초 전체는 결국 어떻게 그 쓰임을 다하는지 살펴보도록 하겠습니다. 다들 알다시피 지금 우리가 태우고 있는 양초는 제대로 연소하면 촛대에 흔적조차 남기지 않고 깨끗하게 사라집니다. 이는 무척 불가사의한 일입니다. 이 양초를 세심하게 살펴보기 위해 저는 어떤 장치를 만들었습니다(그림 7). 이 장치의 사용법을 지금 보여 드리겠습니다. 여기 불이 켜진 양초가 있습니다. 그리고 이 유리관의 끝부분을 불꽃의 중심부에 넣겠습니다. 바로 후커의 그림에서 비교적 어둡게 표현된 부분입니다. 이 어두운 부분은 양초에 입김을 내뿜지 않고 주의 깊게 바라보면 언제라도 살펴볼 수 있습니다.

굽은 유리관의 한쪽 끝을 불꽃의 어두운 부분에 넣으면 불꽃에서 나온 무엇인가가 유리관 반대쪽 끝으로 나오는 모습을 볼 수 있습니다. 이 반대쪽 끝을 플라스크에 꽂고 한동안 두면 불꽃 가운데 부분에서 무엇인가가 계속해서 나와 유리관을 통해 플라스크 안으로 들어가죠. 플라스크 안에 들어간 그 물질은 공기 중에서 볼 때와는 완전히 다른 성질을 보입니다. 이것은 유리관 끝으로 빠져나와 무거운 물질처럼 플라스크 바닥으로 떨어지는데 실제로 무거운 물질이기도 합니다. 이는 양초의 원료인 밀랍이 기체(gas)가 아니라 증기(vapour) 형태로 나타난 것입니다(기체와 증기가 어떻게 다른지 알아야 합니다. 기체는 그 성질을 영구히 유지하지만 증기는 응결됩니다). 양초를 불어서 끄면 아주 고약한 냄새가 나는데 이 냄새는 증기가 응결되면서 발생합니다. 그 증기는 불꽃 주변 기체와는 완전히 다릅니다. 이 사실을 좀 더 분명하게 밝히기 위해 지금부터 이 증기를 대량으로 만들어 불을 붙여보겠습니다. 양초에서는 소량만 나오므로 확실하게 증명하

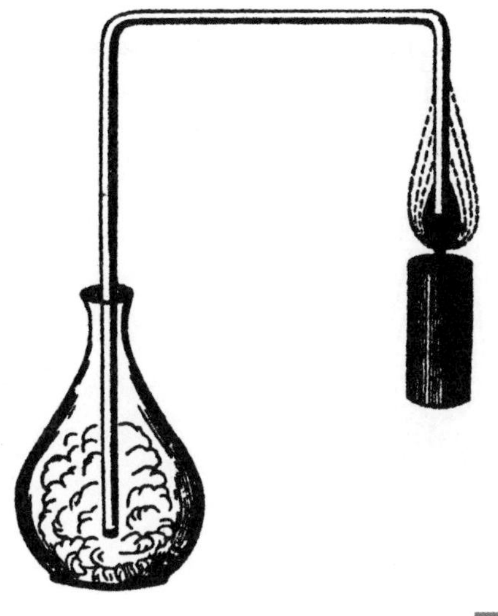

그림7

기 위해서는 대량으로 만들어야 하고, 필요하다면 다른 부분도 확인해야 합니다. 앤더슨 씨가 불을 가져왔으니 그 증기가 무엇인지 증명해 보겠습니다. 이 유리 플라스크 안에는 밀랍이 들어 있습니다. 양초의 내부가 뜨거워지고 심지 주변 물질도 뜨거워지는 것처럼 여기에도 열을 가해 보겠습니다. [강연자가 유리 플라스크에 밀랍을 넣고 등불 위에서 가열한다.] 이제 충분히 뜨거워졌습니다. 플라스크 안에 넣은 밀랍이 액체로 변했고 거기에서 연기가 피어오르기 시작했습니다. 곧 증기가 솟아오를 것입니다. 조금 더 가열하면 증기가 더 많이 나오게 되고 그러면 플라스크에 든 증기를 대야에 부어서 거기에 불을 붙일 수 있습니다. 이는 촛불 중심에서 피어오르는 증기와 똑같은 증기입니다. 이를 증명하기 위해 이 플라스크 안에 든 물질이 촛불 중심에서 피어오르는 진짜 가연성 증기인지 여부를 밝혀보겠습니다. [플라스크에 불을 붙인 점화용 심지를 넣는다.] 타는 모습을 관찰해 봅시다. 이는 밀랍이 연소하는 동안 나타나는 경과와 그 변화 양상을 관찰할 때 우선적으로 고려해야 할 사항입니다. 이제 불꽃에 다른

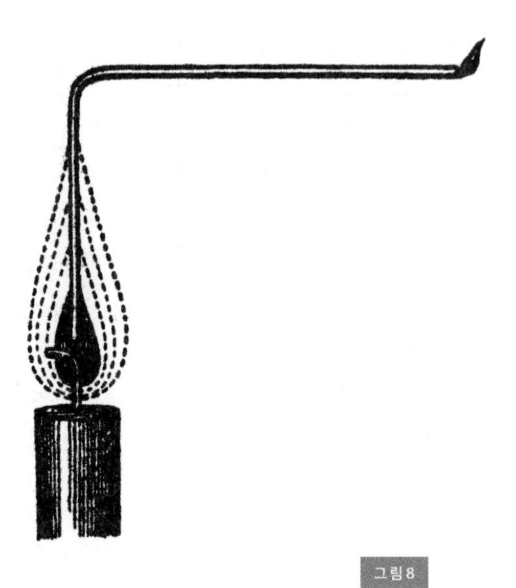

그림 8

유리관을 조심스럽게 배치하겠습니다. 이렇게 하면 유리관을 통해 증기를 손쉽게 반대편 끝으로 내보낼 수 있습니다. 여기에 불을 붙이면 촛불과 떨어진 그 부분에 촛불과 똑같은 불꽃이 피어오릅니다(그림 8). 그 불꽃을 관찰해 봅시다. 정말 멋진 실험이죠? 기체를 끌어오는 실험이지만 사실 양초 자체를 끌어왔다고 해도 과언이 아닙니다. 이 실험에서 두 가지 서로 다른 반응이 나타남을 분명히 알 수 있습니다. 하나는 증기의 '생성'이고 다른 하나는 그 증기의 '연소'입니다. 이 두 현상이 각각 양초의 특정 부분에서 일어납니다.

이미 다 탄 부분에서는 증기를 얻을 수 없습니다. 그림7의 상태에서 유리관을 불꽃 상단으로 올리면 유리관 속의 증기가 다 빠져나온 다음에는 가연성 물질이 더 이상 나오지 않습니다. 이미 다 탄 상태인 것이죠. 어떻게 탔을까요? 바로 다음과 같은 과정을 거칩니다. 심지가 있는 불꽃 중심에는 가연성 증기가 있습니다. 불꽃 바깥쪽에는 양초 연소에 필요한 공기가 있습니다. 이 둘 사이에서 격렬한 화학 반응이 일어나는 것이죠. 이렇게 해서 빛이 발생하는 동안 내부

증기는 소실됩니다. 양초에서 열기가 발생하는 부분이 어느 곳인지 살펴보면 열기가 무척 특이하게 분포돼 있다는 사실을 알 수 있습니다. 종잇조각을 촛불 가까이에 가져다 댄다고 할 때 그 불꽃에서 가장 열기가 강한 부분은 어느 곳일까요? 보다시피 내부 중심은 아닙니다. 그 부분은 앞에서 말한 화학 반응이 일어나는 지점이며 고리 모양을 이루고 있습니다. 지금처럼 다소 불안정한 상황에서 실험을 하더라도 공기가 심하게 흔들리지만 않는다면 언제나 고리 모양을 확인할 수 있습니다. 이에 관해서 집에서도 할 수 있는 좋은 실험을 소개하겠습니다. 가느다란 종잇조각을 준비하고 방안 공기가 움직이지 않는 상태에서 불꽃 중심에 종잇조각을 걸쳐 놓으면 (이 실험을 하는 동안에는 말을 하면 안 됩니다) 통과한 부분의 양 끝만 불타고 중간 부분은 전혀, 혹은 거의 타지 않는다는 사실을 확인할 수 있을 겁니다. 이 실험을 한두 차례 실시해서 제대로 된 결과를 얻으면 열기가 어떻게 분포하며 어느 부분에서 공기와 연료가 결합하는지 알 수 있습니다.

이 사실은 우리가 강의 주제를 계속 살펴보는 데 아주 중요한 사항입니다. 공기는 연소에 반드시 필요하며 그것도 '신선한' 공기가 필요합니다. 신선한 공기가 없으면 추론과 실험에 차질이 생길 수밖에 없습니다. 여기에 공기가 든 병이 있습니다. 이 병을 양초 위에 씌우면 앞에서 설명한 대로 처음에는 아주 잘 타지만 얼마 안 가 변화가 일어납니다. 불꽃이 위쪽으로 뻗어가다가 이내 약해지면서 결국에는 꺼지고 말죠. 왜 불이 꺼질까요? 병에는 이전과 마찬가지로 여전히 공기가 차 있다는 점을 고려할 때 연소는 그저 공기가 있기만 하면 가능한 것이 아니라 깨끗하고 신선한 공기가 있어야 가능하다는 사실을 알 수 있습니다. 병 속에 차 있는 내용물은 바뀐 부분도 있고 그렇지 않은 부분도 있지만 확실히 양초 연소에 필요한 신선한 공기는 충분히 함유하고 있지 않습니다. 초보 화학자로서 여러분은 이런 사실들을 잘 습득해야 합니다. 이런 종류의 작용을 좀 더 자세히 살펴보면 대단히 흥미로운 추론 단계를 발견하게 되는데, 예를 들어 여기 이전에도 소개했던 기름등을 다시 살펴봅시다. 옛날부터 사용하던 이 아르강 등[1]은 지금 실시할 실험에 제격입니다. 이 등에 양초처럼 불을 붙여보겠습니다. [이때 불꽃 중심으로 가는 공기 통로를 차단한다.] 이것은 면사 심지입니다. 기름이 면사 심지를 타고 올라갑니다. 불꽃은 원뿔 모양입니다. 공기를 부분적으로 차단했기 때문에 연소 상태가 좋지 않습니다. 불꽃 주변 공기를 제외한 외부의 공기가 닿지 않도록 막았을 뿐만 아니라, 심지가 크기 때문에 외부에서 더 많은 공기가 들어갈 수도 없는 것이죠. 그러나 아르강이 솜씨 좋게 고안한 대로 불꽃 중심에 이르는 통로를 열어 공기가 그곳까지 닿도록 하면 불꽃이 훨씬 아름답게 타오르는 모습을 볼 수 있습니다. 반면 공기를 차단하면 이렇게 연기가 피어오릅니다. 왜 그럴까요? 이와 관련된 아주 흥미로운 사실이 있습니다. 앞에서 우리는 공기 부족으로 불이 꺼지는 양초를 살펴봤습니다. 그리고 이번에는 불완전 연소를 살펴보고자 합니다. 이는 대단히 흥미로운 부분이므로 양초가 최적의 조건에서 연소하는 경우와 마찬가지로 최대한 자세하게 이해해야 합니다. 최대한 큰 본보기가 필요하므로 지금부터 커다란 불꽃을 만들겠습니다. 여기에 커다란 심지가 있습니다. [솜뭉치에 테레빈유[2]를 적셔 불을 붙인다.] 이는 기본적으로 양초와 똑같습니다. 심지가 크면 공기도 더 많이 공급해야 합니다. 그렇지 않으면 불완전 연소가 발생하니까요. 여기에 공기 중으로 날아오르는 검은 물질이 보입니다. 계속해서 나오고 있습니다. 여러분이 불편을 느끼지 않도록 불완전 연소된 부분을 제거할 수단을 마련해 두었으니 걱정하지는 마세요. 불꽃에서 날리는 그을음을 보십시오. 공기를 충분히 공급받지 못해 발생하는 불완전 연소가 무엇인지에 주목하세요. 지금 어떤 일이 일어나고 있을까요? 양초 연소에 필요한 무엇인가가 부족하고, 그 결과 아주 좋지 않은 결과가 발생하고 있습니다. 앞에서 우리는 양초가 깨끗하고 적절한 공기 속에서 연소할 때 어떻게 타는지 살펴봤습니다. 여러분에게 불꽃의 고리가 종이에 남긴 검게 탄 자국을 보여줬을 때 종

1 아르강 등(Argand lamp)은 가스 혹은 석유 버너의 일종으로 속이 빈 심지 내부로 공기를 끌어들여 불꽃과 연료의 접촉 면적을 높였다.

2 테레빈유는 침엽수의 일종인 왕솔나무에서 추출한 함유(含油) 수지다. 테레빈유를 증류하면 휘발성 기름과 수지가 생긴다.

이를 뒤집어서 반대편도 보여줬더라면 양초를 태울 때에도 이와 비슷한 그을음, 즉 탄소가 발생한다는 사실을 알 수 있었을 겁니다.

그러나 이를 살펴보기 전에 여러분에게 이 강의의 목적을 달성하기 위해 필요한 사실을 먼저 설명하고자 합니다. 양초에 불을 붙이면 일반적으로 불꽃 형태로 연소가 진행되지만 연소가 항상 이 상태로 일어나는지, 다른 상태의 불꽃은 존재하지 않는지 알아봐야 합니다. 이를 조사해 보면 곧 다른 상태의 불꽃이 있으며 이 역시 중요하다는 사실을 알게 됩니다. 청소년 여러분에게 이를 설명하는 가장 좋은 방법은 확연하게 대비되는 결과를 보여주는 것이라고 생각합니다. 여기 화약[3]이 조금 있습니다. 다들 알겠지만 화약은 불꽃을 내면서 타오릅니다. 화약이 내는 불도 충분히 불꽃이라고 부를 수 있을 것입니다. 화약은 탄소를 비롯한 여러 성분을 함유하고 있으며 그 성분들이 모여서 불꽃을 내며 타오릅니다. 이 물질은 쇳가루입니다. 지금부터 화약과 쇳가루를 섞어 불을 붙여 보겠습니다. 작은 절구에 화약과 쇳가루를 넣고 섞겠습니다. 실험에 들어가기 전에 여러분에게 당부하고 싶은 말씀이 있습니다. 이 실험은 잘못 하면 다칠 수 있으므로 재미 삼아 되풀이해서는 안 됩니다. 이 물질들은 주의를 기울이면 아주 유용하게 사용할 수 있지만 부주의하면 커다란 피해를 입게 됩니다. 여기 화약이 있습니다. 이를 작은 나무절구에 넣고 여기에 쇳가루를 넣어 섞겠습니다. 이 실험의 목적은 화약과 쇳가루에 불을 붙여 이를 공기 중에서 태움으로써 불꽃을 내면서 타는 물질과 불꽃을 내지 않으면서 타는 물질 사이의 차이점을 알아보는 것입니다. 여기 화약과 쇳가루 혼합물이 만들어졌습니다. 제가 불을 붙이면 연소되는 모습을 자세히 살펴보십시오. 그러면 연소에 두 종류가 있음을 알 수 있을 것입니다. 화약은 불꽃을 내면서 타오르고 쇳가루는 불꽃을 내지 않습니다. 쇳가루도 타기는 하지만 불꽃은 생기지 않는 것이죠. 화약과 쇳가루는 각각 따로 연소할 겁니다. [강연자가 혼합물에 불을 붙

3 화약은 질산칼륨(초석), 황, 숯가루를 섞은 폭발성 혼합물이다. 잉글랜드에서 로저 베이컨(1214-1292)이 화약을 언급하기 수 세기 전에 중국에서 처음으로 발명됐다. 오늘날 전쟁에서는 더 이상 화약을 사용하지 않는다. 좀 더 안전하고 효율적인 폭발물로 대체됐다. 그러나 불꽃놀이에는 여전히 화약을 사용한다.

인다.] 화약은 불꽃을 내면서 연소하고 쇳가루는 다른 방식으로 연소하고 있습니다. 보다시피 이 두 가지는 크게 다릅니다. 우리가 빛을 낼 목적으로 사용하는 불꽃의 용도와 아름다움은 모두 이런 차이에 좌우됩니다. 조명 목적으로 기름, 가스, 혹은 양초를 사용할 때에도 각각의 연소 양상에 따라 그 쓰임새가 결정되는 것이죠.

이처럼 불꽃에는 특이한 제약 사항들이 있으므로 연소의 종류를 구별하려면 영리함과 세부적인 식별 능력이 있어야 합니다. 예를 들어 여기에 아주 불이 잘 붙는 가루가 있습니다. 보다시피 미세한 입자로 이루어져 있습니다. 이 가루는 석송자(石松子)[1]라고 하며 각각의 입자가 모두 증기와 불꽃을 일으킬 수 있습니다. 하지만 석송자가 타는 모습을 보면 그 전체가 하나의 불꽃처럼 보입니다. 지금 석송자에 불을 붙일 테니 어떤 반응이 일어나는지 잘 보세요. 한 덩어리처럼 보이는 불꽃이 피어오르고 있습니다. 하지만 탁탁 타오르는 소리(청중들에게 연소할 때 발생하는 소리를 잘 들어보라고 말한다)는 연소가 지속적이거나 규칙적이지 않다는 증거입니다. 어떤 팬터마임[2]에서는 석송자 불꽃을 번개 효과로 활용하기도 하는데 아주 그럴 듯합니다. [유리관으로 석송자를 후욱 불어 알코올 불꽃을 관통시키는 방식으로 실험을 두 차례 반복한다.] 이는 앞에서 다뤘던 쇳가루 연소와는 다른 사례입니다. 이제 다시 쇳가루 연소로 돌아가겠습니다.

양초에 불을 켜고 우리 눈으로 보기에 가장 밝은 부분을 살펴보겠습니다. 이미 여러 차례 봤겠지만 불꽃에서는 검은 입자가 나옵니다. 이번에는 다른 방식으로 이 입자를 끌어내 보겠습니다. 일단 이 양초에서 기류의 영향을 받아 생긴 작은 조각들을 제거하겠습니다. 앞에서 했던 실험과 마찬가지로 유리관을 불꽃의 가장 밝은 부분에

1 석송자는 석송(Lycopodium clavatum)의 포자에서 채취하는 담황색 분말로 폭죽에 사용한다.

2 팬터마임은 대단히 정교한 어린이용 연극 형식의 일종이다. 잉글랜드에서는 크리스마스 시즌에 많이 볼 수 있다. '팬터마임'이라는 용어는 무언극이나 신화를 바탕으로 하는 18세기 발레 같은 여러 가지 서로 다른 연극 장르를 가리키는 경우도 있으나 아동용 팬터마임에는 유명한 노래와 곡예를 비롯한 여러 극 요소가 종합적으로 등장한다. 팬터마임은 신데렐라나 알라딘과 같이 유명한 등장인물을 다룬 동화를 바탕으로 만든다.

집어넣되, 조금 더 높은 위치에 두고 결과를 관찰합니다. 앞선 실험에서는 하얀 증기가 나왔지만 지금은 검은 증기가 나옵니다. 마치 잉크처럼 검습니다. 이 물질은 하얀 증기와 무척 다릅니다. 여기에 불을 붙여보면 연소하지 않고 꺼지는 모습을 볼 수 있습니다. 앞에서 언급한 대로 이 입자들은 양초의 연기입니다. 이 연기를 보면 스위프트 주임 사제가 하인들에게 방 천장에 양초로 글자를 쓰는 오락을 즐기도록 권했다는 이야기가 생각납니다. 그렇다면 이 검은 물질은 무엇일까요? 바로 양초에 함유된 탄소입니다. 이 탄소가 어떻게 양초에서 빠져나왔을까요? 탄소는 분명히 양초에 들어있습니다. 그렇지 않으면 이렇게 나올 리가 없으니까요. 지금부터 하는 설명을 잘 들어보세요. 그을음이나 검댕의 형태로 런던 시내를 떠다니는 이런 물질은 아름답고 생동감 있는 불꽃과는 거리가 멀어보입니다. 또한 여기 보이는 쇳가루처럼 탈 수 있다고 생각하기도 힘들죠. 여기 불꽃이 통과할 수 없는 철망 조각이 있습니다. 이 철망을 불꽃의 아주 밝은 부분에 닿을 정도로 내리면 즉시 불꽃이 꺼지고 연기가 피어오릅니다.

이 점을 잘 이해해야 합니다. 화약 불꽃 속에서 쇳가루가 탈 때와 같이 어떤 물질이 증기 상태를 띠지 않고(액체가 되거나 혹은 고체 상태 그대로) 연소할 때에는 대단히 밝을 빛을 냅니다. 이 사실을 설명하기 위해 양초를 제외한 예를 서너 가지 들어보겠습니다. 지금 이야기하는 성질은 연소하든 연소하지 않든 간에 모든 물질에 적용됩니다. 물질은 고체 상태를 유지할 때 대단히 밝게 빛나며 촛불이 밝게 빛나는 이유 역시 그 불꽃 속에 이런 고체 입자가 존재하기 때문입니다.

이것은 백금[3] 선입니다. 백금은 열을 가해도 그 성질이 변하지 않죠. 대신 이 백금 선을 불꽃에 넣어서 가열하면 엄청나게 밝은 빛을 냅니다. 불꽃이 내는 빛을 줄이기 위해 불꽃 밝기를 어둡게 만들어

3 백금은 은처럼 흰빛이 도는 금속이다. 고대 남아메리카 원주민이 사용했고 핀토 강을 따라 자리 잡고 있던 아즈텍 제국과 잉카 제국을 스페인이 침공했을 때 발견했다. 스페인 사람들은 백금을 업신여겨서 질 낮은 은이라는 의미인 '플라티노(platino)'라고 불렀다. 1750년에 백금에 대한 과학적 연구가 이뤄졌고 자세한 성질이 밝혀졌다.

불꽃이 지닌 열기 자체가 줄어들었다고 하더라도 백금 선은 강한 광채를 낼 수 있습니다. 그리고 이 불꽃은 탄소를 함유하고 있는데, 이번에는 탄소를 함유하지 않은 불꽃을 만들어 보겠습니다. 이 용기에 든 물질은 일종의 연료로 증기 혹은 기체라고 할 수 있으며 고체 입자를 함유하고 있지 않습니다. 이 물질을 선택한 이유는 그 어떤 고체도 포함하고 있지 않으면서도 연소가 가능하기 때문입니다. 이 불꽃에 백금 선을 넣으면 그 불꽃이 대단히 강렬한 열기를 내면서 백금 선을 밝게 빛나게 만드는 것을 볼 수 있습니다. 여기 이 관을 통해 이동하는 기체는 수소[1]라고 합니다. 수소는 다음 강의에서 자세히 다루도록 하겠습니다. 한편 여기에 들어 있는 기체는 산소입니다. 수소는 산소가 있기 때문에 연소할 수 있죠. 산소와 수소를 혼합하면 양초를 연소할 때보다 더 높은 열기[2]가 발생하지만 이때 나오는 빛[3]은 무척 약합니다. 그러나 이 불꽃에 고체 물질을 넣으면 강렬한 빛을 낼 수 있습니다. 불연성 물질이자 열을 가해도 기체로 변하지 않는 석회(석회는 기화하지 않으므로 고체 상태로 뜨거워진 상태를 유지한다)를 이 불꽃에 넣으면 석회가 달아오를 때 어떤 일이 일어나는지 확인할 수 있습니다. 다시 한번 말하지만, 수소와 산소가 접촉해서 연소할 때면 대단히 강렬한 열기가 발생하지만 빛은 아주 미약합니다. 이는 열기가 부족하기 때문이 아니라 고체 상태를 유지하는 입자가 부족하기 때문입니다. 이 석회 조각을 산소와 함께 연소하는 수소 불꽃 속에 넣으면 이렇게 대단히 밝은 빛을 냅니다. 이처럼 찬란한 석회광(石灰光)은 전등에 비할 만하며 거의 태양광과 맞먹습니다. 여기 이 숯은 탄소덩어리로 양초가 연소할 때와 마찬가지로 타면서 빛을 냅

1 수소는 지구상에 존재하는 가장 가벼운 원소다. 라틴어로는 히드로제니움(hydrogenium)이라고 하며 이는 '물을 만들다'라는 의미다. 1779년 라부아지에(1743-1794)가 물을 구성하는 요소가 완전히 밝혀진 이후에 이 이름을 제안했다. 수소를 의미하는 기호 'H'를 제안한 사람은 베르셀리우스였다.

2 분젠(독일의 화학자—옮긴이)은 산소와 수소를 연소할 때 발생하는 불꽃 온도가 섭씨 8,061도라고 계산했다. 수소가 공기 중에서 연소할 때 불꽃 온도는 섭씨 3,259도, 석탄 가스가 공기 중에서 연소할 때 불꽃 온도는 섭씨 2,350도이다.

3 수소 2몰이 산소 1몰과 결합하여 물 2몰을 형성할 때($2H_2+O_2=2H_2O$) 주변에 에너지 572킬로줄(약 137킬로칼로리)이 방출된다. 방출되는 에너지의 성질은 반응이 발생하는 방식에 따라 달라진다.

니다. 한편, 촛불이 내는 열기는 밀랍 증기를 분해해서 탄소 입자를 방출합니다. 이 가열된 탄소 입자는 위로 상승하면서 여기 보이는 것처럼 밝은 빛을 내며 공중으로 날아갑니다. 그러나 연소된 입자는 양초에서 탄소 형태를 띠고 방출되는 것이 아니라 눈에 전혀 보이지 않는 물질이 되어 공기 중으로 사라집니다. 이에 관해서는 이후에 자세히 알아보겠습니다. 이런 과정이 계속돼서 숯처럼 지저분한 물체가 그토록 눈부시게 밝은 빛을 낼 수 있다고 생각하면 정말 놀랍지 않나요? 이제 여러분은 밝은 불꽃이 모두 고체 입자를 함유하고 있다는 사실을 알게 됐습니다. 양초처럼 타고 있을 때나 화약과 쇳가루처럼 타고난 직후에 고체 입자를 방출하는 모든 물질은 영롱하고 아름다운 빛을 냅니다.

몇 가지 실험을 더 해 보도록 하겠습니다. 이 조각은 인[4]입니다. 인은 밝은 불꽃을 내면서 탑니다. 아주 잘 타죠. 따라서 인은 연소 중이나 연소 직후에 이런 고체 입자를 생성한다는 결론을 내릴 수 있을 겁니다. 여기 연소 중인 인이 있습니다. 연소 생성물이 빠져 나가지 못하도록 유리 뚜껑을 덮겠습니다. 과연 이 연기는 무엇일까요? 인을 연소할 때 생성되는 바로 그 입자가 이 연기를 구성하고 있습니다. 여기 이 두 물질은 염소산칼륨[5]과 황산안티모니[6]입니다. 이 두 물질을 조금씩 섞으면 여러 가지 방법으로 연소시킬 수 있죠. 여러분이 화학 반응의 실례를 관찰할 수 있도록 여기에 황산을 한 방울 떨어뜨려 보겠습니다. 즉시 타오를 겁니다.[7] [강연자가 혼합물에 황산을

4 인은 상인이었다가 연금술사가 된 헤니히 브란트가 1669년에 발견했다. 브란트는 '철학자의 돌'을 찾던 와중에 우연히 인을 발견했다. 인에는 백린, 적린, 흑린 등 여러 가지 동소체(같은 원소로 구성되나 원자의 배열, 성질, 결합 양식이 다른 물질—옮긴이)가 존재한다. 백린은 밀랍과 비슷한 고체로 공기 중에서 자연발화해 오산화인(P_2O_5)을 형성한다.

5 염소산칼륨($KClO_3$)

6 황산안티모니($Sb_2(SO_4)_3$)

7 염소산칼륨과 황산안티모니 혼합물 연소 시 황산의 작용을 설명하면 다음과 같다. 황산이 염소산칼륨의 일부를 산화염소, 황산수소칼륨, 과염소산칼륨으로 분해한다. 산화염소가 가연성 물질인 황산안티모니에 불을 붙이며 그 즉시 혼합물 전체가 타오르게 된다.

넣어 점화한다][1]. 혼합물이 연소하는 모습을 보면 연소 과정에서 고체 물질이 발생하는지 여부를 여러분이 직접 판단할 수 있습니다. 이렇게 해서 저는 여러분에게 고체 물질 발생 여부를 판단하기 위한 단서를 제공했습니다. 고체 입자가 방출되지 않았다면 어떻게 이렇게 밝은 빛을 내뿜을 수 있겠습니까?

앤더슨 씨가 화로에 도가니를 넣어 아주 뜨겁게 달궈 놓았습니다. 이 도가니 속에 아연[2] 가루를 넣으면 마치 화약처럼 불꽃을 내며 타오르겠죠. 이 실험은 여러분이 집에서도 충분히 잘 할 수 있습니다. 아연을 태웠을 때 어떤 결과가 생기는지 잘 보시기 바랍니다. 여기 아연이 타고 있습니다. 양초처럼 아름답게 타오르고 있네요. 그런데 이 연기는 무엇일까요(그림 9)? 여러분 쪽으로 다가가는 양털 구름 같은 물질은 무엇일까요? 옛날에는 이 연기를 가리켜 '철학자의 양털'[3]이라고 불렀습니다. 도가니에도 이 양털 같은 물질이 상당히 남아 있습니다. 그럼 이번에는 가정에서 실시하기 쉬운 형태로 이 아연에 관한 실험을 반복해 보겠습니다. 이 경우에도 우리는 똑같은 결과를 얻게 될 것입니다. 여기 아연이 있고 저기 [수소 분출구를 가리키며] 화로가 있습니다. 이제부터 아연을 연소시켜 보겠습니다. 보다시피 밝은 빛을 냅니다. 또한 아연을 태우면 그 과정에서 하얀 물질이 발생합니다. 수소 불꽃을 촛불이라고 생각하고 그 불꽃에 아연 같은 물질을 태우면 그 물질은 연소하는 중에만, 즉 뜨거울 동안에만 빛을 낸다는 사실을 알 수 있습니다. 그리고 아연을 연소시켜서 얻은 이 하얀 물질 또한 수소 불꽃 속에서 이처럼 아름다운 빛을 냅니다. 그 이유는 이 물질이 고체이기 때문입니다.

---

1 황산과 염소산칼륨이 반응하면 황산수소칼륨, 과염소산칼륨, 이산화염소(ClO_2)가 발생한다. 이산화염소가 황산안티모니를 태운다.

2 아연은 인도와 중동에서 고대부터 알려진 푸른빛이 도는 흰색 금속이다. 유럽에서는 1746년에 마르그라프가 처음으로 분리했다. 마르그라프는 '이극광에서 아연을 추출하는 방법'이라는 장대한 논문을 발표했다. '아연(zinc)'이라는 이름은 백반 즉 흰색 반점을 의미하는 라틴어에서 유래했다.

3 철학자의 양털은 산화아연(ZnO_2)을 뜻한다. 이는 아연을 공기 중에서 연소할 때 생긴다. 하얀 가루인 산화아연을 가열하면 노랗게 변한다. 의학 분야에서는 아연화 연고로, 도자기 산업에서는 유약으로, 고무 공업에서는 충전제로 사용한다.

그림 9

조금 전에 피웠던 것과 같은 불꽃을 다시 만든 다음 탄소 입자를 분리해 보겠습니다. 여기 연기를 내며 타고 있는 캄펜이 있습니다. 관을 통해 이 연기 입자를 수소 불꽃으로 보내면 연소하면서 빛을 내는 모습을 볼 수 있습니다. 이는 연기 입자를 다시 가열했기 때문입니다. 자, 여기를 보십시오. 탄소 입자에 다시 불을 붙인 모습입니다. 뒤편에 종이를 대면 입자를 좀 더 잘 볼 수 있습니다. 이렇게 탄소 입자는 불꽃 속에 있는 동안 발생한 열에 점화되고, 점화되면 밝은 빛을 냅니다. 입자가 분리되지 않으면 밝은 빛을 얻을 수 없죠. 석탄 가스[4] 불꽃은 연소 중에 탄소 입자가 분리되면서 밝은 빛을 내며 양초도 마찬가지입니다. 그런데 저는 이런 처리 방식을 금방 뒤집을 수도 있습니다. 예를 들어 여기 밝은 빛을 내는 가스 불꽃이 있습니다. 이 불꽃에 공기를 다량으로 보내서 탄소 입자가 방출되기 전에 모두 연소하도록 만들면 이렇게 밝은 빛을 낼 수는 없습니다. 또한 이렇게도 해볼 수 있습니다. 가스 분출구에 철망 뚜껑을 씌우고 그 위로 불을

4 석탄 가스는 수소(50퍼센트)와 메탄(30퍼센트)을 주성분으로 하고 그 외 이산화탄소(8퍼센트)를 비롯한 여러 기체를 포함한다. 석탄 가스는 석탄을 건류(밀폐된 용기에 석탄을 넣고 섭씨 1,000도로 가열하는 증류 방식)해서 얻는다.

붙이면 육안으로는 거의 볼 수 없는 불꽃을 내면서 탑니다. 이는 연소하기 전에 이미 다량의 공기와 혼합되었기 때문입니다. 그런데 철망 뚜껑을 들어 올리면 그 아래에서 여전히 가스가 잘 타고 있다는 사실을 알 수 있죠.[1] 정리하자면, 가스는 탄소를 다량 함유하고 있지만 연소하기 전에 공기가 탄소와 접촉하고 혼합되므로 이렇게 희미하고 푸른 불꽃이 발생하는 겁니다. 밝은 가스 불꽃에 바람을 불어서 탄소가 빛을 내는 온도까지 가열되기 전에 전부 연소하도록 하면 이 또한 푸른색 불꽃을 발생시키게 됩니다. [강연자가 가스 불꽃에 바람을 불어서 방금 한 설명을 실제로 보여준다.] 이렇게 불꽃을 향해 바람을 불었을 때 밝은 빛을 내지 않는 유일한 이유는 탄소가 불꽃 속에서 분리돼 방출되기 전에 충분한 공기와 만나 전부 연소했기 때문입니다. 즉 먼저 했던 실험들과 이 실험의 유일한 차이점은 가스가 다 타버리기 전에 고체 입자가 분리됐는지 여부입니다.

우리는 양초가 연소하면 그 결과로 어떤 물질이 발생하며, 그 물질 중 일부는 숯, 즉 그을음이라는 형태로 나타난다는 것을 살펴보았습니다. 이 숯을 태우면 또 어떤 물질이 발생하는지 알아보는 것도 우리의 관심사가 되겠죠. 또한 우리는 연소할 때 공기 중으로 날아가는 물질이 있다는 사실도 살펴봤는데, 이제부터는 공기 중으로 날아가는 이 물질의 양이 얼마나 되는지 알아보고자 합니다. 이를 위해 조금 더 큰 규모로 연소 반응을 일으켜 보겠습니다. 여기 이 양초에서 데워진 공기가 상승하고 있습니다. 두세 가지 실험을 하면 상승기류를 확인할 수 있죠. 이런 식으로 상승하는 물질의 양이 얼마나 되는지 짐작할 수 있도록 연소 생성물을 가두는 방식으로 실험을 해보겠습니다. 이를 위해 열기구[2]를 준비했습니다. 이 열기구를 이용하여 연소 생성물의 양을 측정해 볼 텐데요, 이 목적에 가장 적합하도록 쉽고 단순한 방식으로 불꽃을 피워보겠습니다. 이 접시가 말하자

1 실험실에서 널리 사용하는 공기 버너는 이런 원리를 활용한다. 공기 버너는 원통형 굴뚝의 윗부분에 다소 성긴 철망 조각을 씌워 만든다. 이런 에어 버너를 아르강 등 위에 씌우면 가스 속에 탄소와 수소가 동시에 혼합되어 불꽃에서 탄소가 분리되지 않고 결과적으로 그을음이 생기지 않는다. 철망을 통과할 수 없는 불꽃은 안정적이고 거의 눈에 보이지 않는 상태로 연소한다.

2 열기구는 폭발성 혹은 가연성 물질을 채운 비행체의 일종이다.

그림10

면 양초의 '컵' 부분에 해당하고 알코올이 연료입니다. 연소 생성물이 흩어지지 않도록 여기에 굴뚝을 씌워 보겠습니다. 이제 앤더슨 씨가 연료에 불이면 굴뚝 윗부분에서 연소 결과물을 얻을 수 있습니다. 이 굴뚝 윗부분에서 얻게 되는 연소 결과물은 일반적으로 양초를 연소할 때 얻을 수 있는 결과물과 완전히 동일합니다. 하지만 탄소 함유량이 적은 물질을 사용했기 때문에 불꽃이 밝게 빛나지는 않습니다. 이 열기구를 씌우는 이유는 날리기 위함이 아니라 양초에서 발생하는 연소 생성물이 어떤 작용을 하는지 여러분께 보여주기 위해서입니다. 여기 화로에서 발생하는 물질은 양초에서 발생하는 연소 생성물과 같습니다. [열기구를 굴뚝에 씌우자 금세 부풀어 오르기 시작한다(그림 10).] 보다시피 열기구가 날아오르려고 하지만 날아가도록 방치해서는 안 됩니다. 열기구가 날아올라서 위쪽 가스 불꽃과 접촉하면 아주 곤란해집니다. [강연자의 요청으로 위쪽 가스등을 소등한 뒤 열기구를 띄운다.] 이를 보면 얼마나 많은 물질이 생성됐는지 알 수 있죠? 한편, 이 유리관 속으로는 [커다란 유리관을 양초 위에 씌운다.] 양초 연소 생성물이 통과하고 있습니다. 여러분이 현재 보고 있는 유리관은 상당히 흐릿해졌습니다. 양초를 또 하나 켜고 그 위에 유리병을 씌운 다음 반대편에 불빛을 놓아 안에서 어떤 일이 일어나고 있는지 관찰해 봅시다. 유리병 벽면은 흐려지고 불빛은 희미하게 타기 시작합니다. 연소 생성물은 불빛을 약하게 만듭니다. 유리병을 불투명하게 채운 물질 또한 연소 생성물입니다. 집에 돌아가서 차가운 곳에 두었던 숟가락을 그을음이 생기지 않을 정도로 촛불에 갖다 대면 숟가락이 이 유리병처럼 흐려지는 모습을 볼 수 있을 겁니다. 은 접시나 그와 비슷한 물건이 있다면 이 실험을 더 잘 할 수도 있고요. 다음 강의를 듣는 데 도움이 되도록 이 같이 흐려지는 현상을 일으키는 물질이 물(water)이라는 사실을 말씀드리도록 하죠. 다음 시간에는 연소 생성물을 별다른 어려움 없이 액체 형태로 바꿀 수 있는 방법을 알려 드리겠습니다.

제3강

연소 생성물:

연소 시 발생하는 물 - 물의 성질 - 화합물 - 수소

지난번 강의가 끝날 무렵 양초에서 발생하는 연소 '생성물'을 언급했습니다. 또한 양초를 태울 때 적절한 장치를 사용하면 다양한 생성물을 얻을 수 있다는 사실을 발견했습니다. 그 중에는 양초가 제대로 타고 있을 때 얻을 수 없는 물질이 하나 있었습니다. 바로 그을음, 즉 연기였죠. 그리고 불꽃에서 위로 올라가지만 연기와 달리 눈에 보이지 않고 다른 형태를 띠는 물질도 있었습니다. 이 물질은 양초에서 무언가 위로 상승하면서 눈에 보이지 않게 사라지는 전반적인 흐름의 일부를 이룹니다. 이밖에도 언급해야 할 생성물이 있습니다. 바로 양초에서 비롯되는 상승 기류에 깨끗한 숟가락이나 접시 같이 차가운 물건을 대면 응결되는 물질과 응결되지 않는 물질에 대해서 말입니다.

먼저 응결되는 물질을 살펴보도록 하겠습니다. 이상하게 들리겠지만 이 응결되는 물질은 그냥 단순한 물입니다. 응결되는 양초 연소 생성물 중 물이 있다는 사실은 지난번에 이미 언급했습니다. 오늘은 물에 주목해 주십시오. 오늘 다루는 주제와 관련해서는 물론 지구 표면에 존재하는 전반적인 물에 관해서도 자세히 살펴볼테니까요.

이제 양초 연소 생성물에서 물을 응결시켜 여러분께 보여드리는 실험을 해보려고 합니다. 연소 중에 발생하는 액체의 정체를 여러분에게 즉시 증명해 보이려면 물이 일으키는 어떤 명백한 작용을 보여드린 다음 이 용기 바닥에 모인 액체로 같은 실험을 반복해 보이면 될 것 같습니다. 이것은 험프리 데이비 경[1]이 발견한 물질로 물과 닿으면 아주 격렬한 반응을 일으키므로 어떤 물질이 물인지 아닌지 여부를 확인하기 위한 실험에 사용할 수 있습니다. 이 물질은 '칼리(potash, 탄산칼륨)'로부터 생성되므로 칼륨(potassium)[2]이라고 부릅니다. 칼

1 험프리 데이비 경(Sir Humphry Davy, 1778-1829)은 유명한 영국 화학자다. 데이비는 광부들이 사용하는 안전등을 발명해서 유명해졌고 그 안전등은 그의 이름을 따서 데이비 등이라고 불렀다. 데이비는 전기 화학 분야에 상당한 기여를 했다. 또한 칼륨(1807)부터 나트륨(1807), 칼슘(1808), 바륨(1808), 마그네슘(1808), 스트론튬(1808)까지 총 여섯 개 원소를 발견했다. 데이비는 마이클 패러데이가 젊었을 때 그를 왕립 학회에서 일하는 조수로 채용하여 격려했다.

2 칼륨은 가볍고 부드러우며 은백색 광택이 도는 금속이다. 칼륨은 공기 중에서 연소할 때 산소와 결합하여 초산화칼륨(KO_2)을 형성한다. 칼륨은 물과 격렬하게 반응하며 이때 물 분자에서 수소가 분리된다.

륨을 한 조각 집어 여기 그릇에 떨어뜨려 보죠. 빛을 내면서 떠다니고 격렬한 불꽃을 내며 타오르는 것이 보이시죠? 이는 물이 있다는 증거입니다. 이제 얼음과 소금을 담은 그릇 아래에서 연소하고 있던 여기 이 양초를 치우겠습니다(그림 11). 그릇 아래쪽에 양초 연소 생성물이 응결된 액체 방울을 볼 수 있습니다. 이 액체에 칼륨을 넣으면 방금 실시했던 실험과 같은 반응이 발생합니다. 보십시오, 앞 실험과 똑같이 불이 붙고 타오릅니다. 다시 유리 평판 위에 이 액체를 떨어뜨린 다음 그 위에 칼륨을 올리면 보다시피 불이 붙으므로 이 액체는 물이라는 결론을 내릴 수 있습니다.

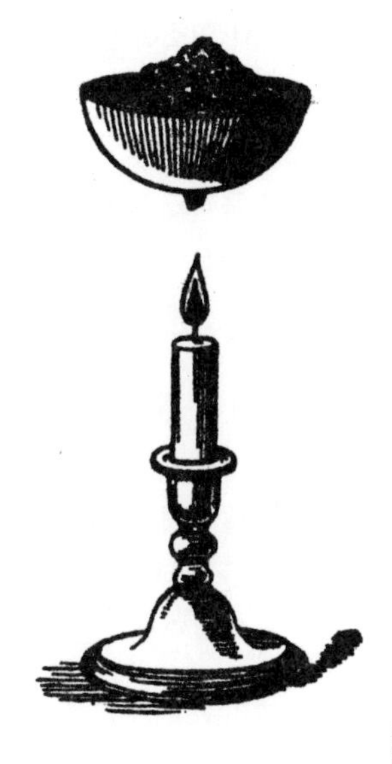

그림11

이 물은 양초에서 생겨났습니다. 마찬가지로 그 그릇 아래에 알코올램프를 놓으면 그릇에 이슬이 맺혀 축축해지는 모습을 볼 수 있습니다. 이 이슬 역시 연소 생성물입니다. 아래쪽에 놓인 종이에 떨어지는 물방울을 보면 알코올램프가 연소할 때 다량의 물이 생성된다는 사실을 알 수 있습니다. 그대로 둘 테니 나중에 물이 얼마나 많이 생겼는지 확인해 보세요. 가스등을 켜서 위쪽에 냉각 장치를 두어도 물을 얻을 수 있습니다. 가스가 연소할 때 생성되는 물이죠. 이 병에는 물이 들어 있습니다. 아주 순수한 정제수로 가스등 연소로 생성되었습니다. 강물, 바닷물, 샘물을 증류한 물과 전혀 다름없이 똑같은 정제수죠. 물은 특유의 물질이며, 결코 변하지 않습니다[1]. 물론 조심스럽게 무언가를 첨가할 수도 있고 여기에서 물을 분리해 다른 물질을 추출할 수도 있습니다. 하지만 물은 고체나 액체, 혹은 기체 상태를 띠더라도 언제나 같은 물입니다. 여기 [다른 병을 들고] 기름등 연소로 생성된 물이 있습니다. 기름 1파인트[2]를 완전히 연소하면 1파인트 남짓한 물을 얻을 수 있습니다. 여기 이 액체는 다소 긴 실험을 거쳐 밀랍 양초 연소로 생성된 물입니다. 거의 모든 가연성 물질을 실험해 보더라도 양초처럼 불꽃을 내면서 연소하면 물을 생성하게 됩니다. 여러분이 직접 이런 실험을 해 볼 수도 있습니다. 부지깽이는 이런 실험을 하기에 아주 적절한 물건입니다. 차가운 부지깽이 끝을 한동안 양초 위에 들고 있으면 물방울이 응결돼 맺히는 모습을 볼 수 있습니다. 숟가락이나 국자 같은 물건도 열을 냉각시키므로 물을 응결하는 데 사용할 수 있습니다. 깨끗하다는 조건 하에서 말이죠.

가연성 물질을 연소할 때 물이 생성되는 이 놀라운 현상을 자세히 들여다보기 위해 이런 물이 여러 가지 다른 형태로 존재할 수 있다는 사실을 언급해야겠습니다. 여러분은 이미 그런 다양한 형태를 잘 알고 있을 것입니다. 하지만 양초 연소로 생성된 물이든, 강 혹은 바다에서 얻은 물이든 간에 프로테우스 변화[3]를 거치는 동안에도 어떻게 해서 전적으로 같은 성질을 유지하는지 알려면 당장은 다소 주의를 기울여야 합니다.

먼저 물을 냉각하면 얼음이 됩니다. 우리 과학자들은 (여러분과

---

1 물은 수소와 산소로 이뤄진 화합물이다. 이때 물을 구성하는 수소와 산소의 질량비는 1대8이다. 어떤 방식으로 만들든 간에 화합물의 구성은 항상 동일하다.

2 1파인트는 0.56823리터에 해당한다.

3 '프로테우스 변화'라는 용어는 프로테우스에서 비롯됐다. 프로테우스는 그리스 신화에 나오는 바다의 신으로 예언 능력을 지니고 있지만 그 지식을 알려주지 않으려고 변신을 거듭한다. 마찬가지로 물은 주변 온도에 따라 기체, 액체, 고체로 형태를 바꿀 수 있다.

제가 모두 이렇게 불릴 수 있기를 바랍니다.) 물을 언급할 때, 그 물이 고체이든 액체이든 기체이든 화학 구조상 동일한 물질로 인식하죠. 물은 두 가지 원소로 이루어진 화합물입니다. 그 중 하나는 양초에서 얻었고 다른 한 원소는 다른 곳에서 찾아야 합니다. 물은 얼음의 형태를 띨 수 있으며 요즘 같은 계절에는 얼음을 쉽게 볼 수 있습니다. 그리고 얼음은 다시 물로 변하죠. 지난 안식일[4]에 우리는 이 변화를 아주 확실하게 보여주는 사례를 경험했습니다. 기온이 올라 얼음이 급작스레 녹으면서 발생한 불상사였죠. 또 물을 가열하면 증기로 변합니다. 우리 앞에 있는 물은 밀도가 가장 높은 상태[5]입니다. 물은 그 무게, 상태, 형태 등 여러 성질이 변하더라도 여전히 물입니다. 물을 냉각해서 얼음으로 만들거나 가열해서 증기로 만들면 부피가 증가합니다. 냉각하는 경우 아주 기이하고 강력하게 증가하고, 가열하는 경우 막대하고 놀랍도록 증가하죠. 이 양철통에 물을 조금 붓겠습니다. 물을 얼마나 붓는지 보면 양철통이 어느 정도 차오를지 쉽게 추측할 수 있을 겁니다. 바닥에서부터 약 5센티미터 차올랐습니다. 상태에 따라 물의 부피가 얼마나 달라지는지 보여드리기 위해 이 물을 증기로 바꿔보겠습니다. 그 다음에는 얼음을 만들어 볼 거고요. 잘게 부순 얼음과 소금을 혼합한 한제(寒劑)로 물을 냉각함으로써 그 효과를 낼 수 있습니다.[6] 이 실험을 통해 물이 얼음으로 변하면 그 부피가 얼마나 팽창하는지 보여드릴 수 있을 겁니다. 이 병들은 [그 중 하나를 들면서] 무쇠로 만들어서 아주 튼튼하고 두껍습니다. 두께가 약 8밀리미터에 달하죠. 이 병에 공기가 들어가지 않도록 세심한 주의를 기울여 물을 가득 채우고 뚜껑을 단단히 닫습니다. 이런 무쇠 용기라도 물이 팽창하면 이 조각처럼 [파편을 가리키며] 산산이 부서질 것입니다. 이 조각은 이 병과 똑같은 종류의 병이 부서진 것입니다. 물이 얼 때 부피가 급격하게 팽창하는 모습을 보여드리기 위해

4 유대교에서 일주일 중 일곱 번째 날인 토요일은 신이 백성들을 위해 쉬는 날로 지정한 날이라는 의미에서 안식일이라고 부른다. 초기 기독교 교회에서는 예수 부활을 기념하여 일요일에 쉬면서 예배를 드리는 주일로 대신했다.

5 물의 밀도는 섭씨 4도에서 가장 높다.

6 잘게 부순 얼음에 소금을 넣으면 온도가 섭씨 0도에서 섭씨 -18도로 내려가며 이와 동시에 얼음은 녹는다.

이 병 두 개를 한제 속에 넣겠습니다.

물이 어는 동안 여기 이쪽에서는 물을 가열했을 때 일어나는 변화를 살펴보겠습니다. 물을 가열하면 액체 성질을 잃게 됩니다. 두세 가지 상황에서 이를 확인할 수 있습니다. 이 유리 플라스크 입구를 시계 접시(화학실험에 쓰는 접시 모양의 유리 기구―옮긴이)로 덮었습니다. 플라스크 안에서는 물이 끓고 있습니다. 어떤 일이 일어나고 있는지 보이나요? 밸브가 떨리듯이 달가닥거리는 소리를 냅니다. 끓는 물에서 올라오는 증기가 시계접시를 위아래로 움직이면서 밖으로 나오려고 하는 바람에 달그락거리는 소리가 나는 것이죠. 플라스크 안에 증기가 가득 차 있다는 사실을 쉽게 인지할 수 있습니다. 그렇지 않으면 밖으로 나오려고 하지 않을 테니까요. 또한 플라스크를 채운 증기의 부피가 물보다 훨씬 크다는 사실도 알 수 있습니다. 증기가 플라스크를 계속해서 가득 채우고 공기 중으로 날아가고 있지만 물의 부피는 크게 줄어들지 않았죠. 이로써 물이 증기가 될 때 부피가 아주 크게 증가한다는 사실을 알 수 있습니다.

앞에서 물을 가득 채운 무쇠 용기를 한제에 넣어 뒀으니 이제 어떻게 됐는지 살펴보겠습니다. 겉으로 보기에는 용기 안에 든 물과 용기 바깥의 얼음 사이에서 아무런 움직임도 찾아볼 수 없겠지만 실제로는 둘 사이에서 열이 이동하고 있습니다. 우리가 실험을 아주 성급하게 진행하고 있기는 하지만 만약 성공한다면 머지않아 병과 그 내용물이 냉각되면서 병이 깨지는 소리가 들릴 겁니다. 그렇게 깨진 병을 살펴보면 내용물은 얼음덩어리로 변해 있고 그 얼음을 담고 있기에 너무 작아서 깨진 병조각이 아직 얼음에 달라붙어 있을 테죠. 이런 현상은 얼음의 부피가 물보다 크기 때문에 발생합니다. 다들 알다시피 얼음은 물에 뜹니다. 수면이 언 강물 위를 걷다가 물에 빠진 사람은 물에 뜬 얼음 위에 올라서야만 살 수 있을 겁니다. 얼음은 왜 물 위에 뜰까요? 그 이유를 곰곰이 생각해 보세요. 이는 같은 질량의 물에 비해 얼음은 부피가 크기 때문입니다. 즉 부피가 같을 때 얼음은 더 가볍고 물은 더 무겁습니다.

그림12

다시 열기가 물에 미치는 작용을 살펴보겠습니다. 이 양철통에서 뿜어 나오는 증기를 보십시오. 앞에서 봤듯이 증기가 이렇게 다량으로 나오려면 양철통에 증기가 가득 차야 합니다. 물을 가열해서 증기로 바꿀 수 있었듯이 증기를 냉각해서 다시 액체인 물로 바꿀 수도 있습니다. 유리잔 같이 차가운 물체를 증기에 씌우면 금방 물방울이 달라붙어서 축축해집니다. 유리잔이 따뜻해질 때까지 계속해서 응결 현상이 일어나죠. 유리잔에 수증기가 응결돼서 잔을 타고 흘러내리는 게 보이실 겁니다. 그리고 물이 수증기 상태에서 다시 액체 상태로 응결되는 모습을 보여드리기 위해 실험을 하나 더 준비했습니다. 양초 연소 생성물 중 하나인 수증기가 접시 밑면에 응결돼 액체 상태로 변하는 것과 같은 현상입니다. 이런 변화가 얼마나 강력하게 일어나는지 보여드리기 위해 이 양철 플라스크를 사용하겠습니다. 양철 플라스크에 증기를 가득 채운 다음 입구를 막습니다. 증기가 액체 상태로 변하도록 외벽에 냉수를 끼얹으면 어떤 일이 일어날지 살펴봅시다. [강연자가 용기에 냉수를 끼얹자 즉시 용기가 찌그러진다(그림 2).]

어떻게 되는지 잘 보셨죠. 수증기가 응결되면서 플라스크 내부를 진공 상태로 만들었기 때문에 벌어지는 현상입니다. 지금까지 형태가 변화하더라도 물은 다른 물질로 변하지 않는다는 사실을 지적하기 위해 여러 실험을 실시했습니다. 형태가 변하더라도 물은 여전히 물입니다. 지금 이 용기는 안쪽으로 쭈그러들었지만 열을 더 가했더라면 바깥쪽으로 부풀었을 겁니다.

물이 수증기로 변할 때 그 부피가 얼마나 커질 것이라고 생각하나요? 여기 한 변이 약 30.48센티미터인 정육면체가 있습니다. [정육면체를 가리킨다(그림 13).] 그 옆에는 한 변이 2.54센티미터인 정육면체가 있습니다. 형태는 동일합니다. 이 작은 정육면체를 채운 물이 수증기로 변하면 큰 정육면체를 채울 수 있습니다. 반대로 큰 정육면체를 채운 수증기를 냉각하면 작은 정육면체 정도로 줄어듭니다. [이 순간 무쇠 병 중 하나가 깨진다.] 아! 지금 병 하나가 깨졌습니다. 이쪽을 보니 폭 3밀리미터 정도 금이 갔네요. [이때 나머지 병이 폭발하면서 한제가 사방으로 흩어진다.] 나머지 병도 깨졌군요. 이 무쇠 병은 두께가 거의 13밀리미터나 되지만 얼음에 산산조각 나고 말았습니다.

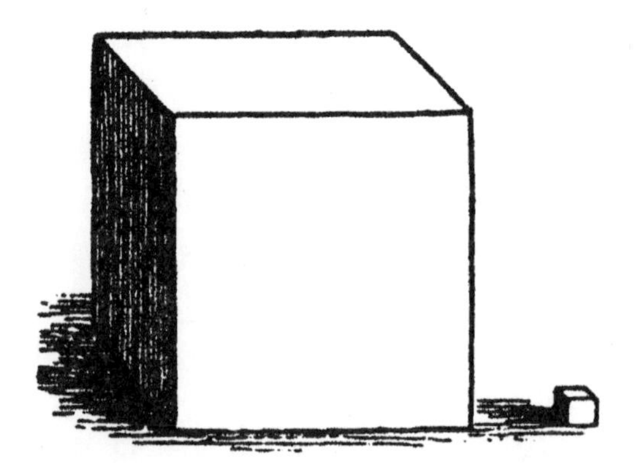

그림13

물은 항상 그 상태가 변합니다. 인공적인 수단을 쓰지 않더라도 변화가 발생합니다. 우리가 이렇게 인공적인 방법을 쓰는 이유는 길고 혹독한 겨울 대신 이 작은 병 주변에 작은 겨울을 만들기 위함입니다. 캐나다와 같은 북쪽 지방에 가면 그냥 문 밖에 나가기만 해도 바깥 기온이 한제가 하는 역할을 대신해 줄 겁니다.

다시 본론으로 돌아가겠습니다. 이로써 우리는 물의 형태가 어떻게 변하든 현혹되지 않을 것입니다. 물은 바닷물에서 나오든 촛불에서 생성되든 항상 똑같습니다. 그렇다면 양초 연소로 생성되는 물은 과연 어디에서 비롯될까요? 미리 여러분에게 말해 두어야 할 것 같습니다. 물은 분명히 양초에서 나옵니다. 하지만 과연 원래 양초에 물이 들어 있었을까요? 그렇지 않습니다. 양초 속에는 물이 들어 있지 않습니다. 또한 양초 연소에 필요한 주변 공기에 포함되어 있지도 않습니다. 물은 양초나 공기에 들어 있는 것이 아니라 양초와 공기가 결합하는 작용을 통해 일부는 양초, 일부는 공기에서 비롯되는 것입니다. 식탁을 밝히는 이 촛불 하나가 보여주는 화학의 역사를 확실히 이해하려면 이 부분을 밝혀야 합니다. 어떻게 그 비밀에 다가갈 수 있을까요? 저는 여러 가지 방법을 알고 있지만 제가 이미 알려드린 사실들을 여러분이 직접 연관 지어서 스스로 알아내길 바랍니다.

아마도 여러분들은 이런 식으로 생각할 수 있을 겁니다. 앞서 우리는 험프리 데이비 경이 발견한 방식으로 물에 반응하는 물질을 살펴봤습니다.[1] 여러분이 기억을 되살릴 수 있도록 이 접시 위에서 다시 한 번 실험을 실시하겠습니다. 이 물질은 아주 조심스럽게 취급해야 합니다. 이 덩어리에 물을 조금 튕기기만 해도 불이 붙기 때문입니다. 공기가 충분히 공급된다면 금방 덩어리 전체에 불이 붙을 테고요.

1 험프리 데이비 경은 1807년에 칼리의 금속 성분인 칼륨을 발견했으며 이때 강력한 볼타 전지를 이용하여 칼리에서 칼륨을 분리하는 데 성공했다. 칼륨은 산소에 대한 친화력이 대단히 높으므로 물을 분해하여 수소를 발생시킨다.

이 물질은 일종의 금속[1], 아름답고 환히 빛나는 금속입니다. 공기 중에 두면 금방 변하고 앞에서 살펴봤듯이 물과 급격하게 반응합니다. 이제 이 금속 조각을 물에 넣을 테니 흔들리는 등불 같은 모습으로 공기 대신 물과 반응해 아름답게 타오르는 모습을 관찰해 보십시오. 쇳가루도 물에 넣으면 변화가 발생합니다. 이 칼륨처럼 격렬하게 변하지는 않지만 유사한 방식으로 변합니다. 쇳가루는 녹이 슬고 칼륨과는 강도가 다르기는 하지만 대체로 칼륨과 동일한 방식으로 물에 작용하는 것이죠. 이 같은 사실들을 기억해 두세요. 여기 또 다른 금속인 아연이 있습니다. 앞에서 아연이 연소될 때 생성되는 고체 물질을 조사하면서 아연이 연소되는 모습을 살펴볼 기회가 있었습니다. 아연 조각을 촛불에 가져다 대면 물과 칼륨이 만나 연소하는 반응과 물과 쇠가 반응하는 작용의 중간에 해당하는 반응을 보게 될 것입니다. 이 역시 일종의 연소입니다. 아연이 연소하면 하얀 재가 남습니다. 여기에서 우리는 아연도 물과 어느 정도 반응할 수 있음을 추측해 볼 수 있습니다.

지금까지 우리는 다양한 물질의 작용을 조절하는 방법과 이런 물질과 관련해 궁금한 점을 알아내는 방법을 배웠습니다. 이제 먼저 쇠를 살펴봅시다. 일반적으로 화학 반응을 통해 어떤 결과를 얻으려 할 때 열을 가하면 반응도가 증가하는 경우를 흔히 볼 수 있습니다. 물질이 서로에게 미치는 영향을 정밀하고 신중하게 검토하고자 한다면 대개 열이 미치는 작용을 고려해야 합니다. 앞에서 살펴봤듯이 쇳가루는 공기 중에서 아름답게 연소될 수 있습니다. 이와 비슷한 실험을 한 차례 더 실시해 보죠. 이 실험을 통해 쇠가 물에 미치는 작용을 확실하게 기억할 수 있을 겁니다. 불꽃을 피워서 공기가 잘 통하도록 한 다음 쇳가루를 불꽃에 넣으면 아주 잘 타오릅니다. 이런 연소 현상은 쇳가루 같은 입자에 불을 붙였을 때 발생하는 화학 작용의 결과입니

1 금속의 속성은 아주 다양하다. 예를 들어 은은 쉽게 전기를 전도하지만 티타늄은 전기 전도율이 아주 낮다. 티타늄의 전기 전도율은 은에 비하면 300분의 1에 불과하다. 리튬은 물에 가뿐하게 뜨지만 오스뮴은 같은 크기의 돌멩이보다 더 빨리 물에 가라앉는다. 수은은 영하 온도에서도 액체 상태를 유지하지만 백금을 액상으로 만들기란 대단히 어렵다. 금은 수백 년 동안 물속에 있어도 변하지 않지만 나트륨은 물과 닿으면 즉시 타오른다.

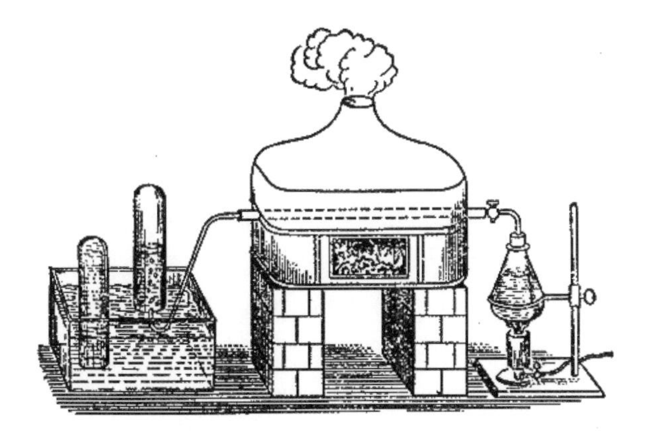

그림14

다. 이런 여러 가지 영향을 곰곰이 생각하면서 더 나아가 쇠와 물이 만났을 때 어떤 반응을 일으킬지 확인해 봅시다. 쇠는 자기 이야기를 무척이나 아름답고 천천히, 그리고 자세하게 들려줄 것이며 여러분은 이 이야기에 무척 흥미를 느낄 것입니다.

여기 있는 화로 중심에는 총신(銃身)과 비슷한 쇠관이 관통하고 있습니다. 이 관에 반짝이는 쇠 부스러기를 가득 채워 불 속에 밀어 넣으면 빨갛게 달아오릅니다. 공기가 쇠 부스러기와 접촉하도록 관을 통해 공기를 보낼 수도 있고 관 끝에 달린 작은 보일러를 이용해 증기를 보낼 수도 있습니다. 일단은 관을 통해 증기가 들어가지 않도록 마개를 닫아두겠습니다. 이 유리병에는 물이 들어 있습니다. 어떤 현상이 일어나는지 잘 관찰할 수 있도록 파란 염료를 풀어 뒀습니다(그림 14). 여러분도 잘 알다시피 이 관을 통해 내보낸 수증기가 물속으로 들어가면 응결될 것입니다. 수증기가 냉각되면 기체 상태를 유지할 수 없기 때문입니다. 보다시피 [양철 플라스크를 가리키며] 수증기가 응결하면서 부피가 줄어드는 바람에 양철 플라스크가 찌그러졌습니다. 이 관이 차갑다면 그 속으로 수증기를 내보낼 경우 응결되고 말 것입니다. 그래서 지금 여러분에게 보여 드리려는 실험을 실시하기 위해 관을 데워 놓았습니다. 이 관 속으로 수증기를 조금씩 통과시킬 테니 수증기가 반대쪽 끝으로 빠져나올 때 여전히 증기 상태를 유지하고 있는지는 여러분이 직접 판단해 보세요. 수증기의 온도를 낮추면 액체 상태인 물로 바뀌기 마련이지만 여기 쇠관을 지나서 빠져나온 수증기를 물속으로 통과시켜 그 온도를 낮췄음에도 이 병에 담긴 기체는 물이 되지 않았습니다. 이 기체를 대상으로 다른 실험을 실시해 보겠습니다. 기체가 달아나지 않도록 병을 거꾸로 세워 둔 채로 병 입구에 불을 갖다 대면 작은 소리를 내며 불이 붙습니다. 이로써 이 기체는 수증기가 아니라는 사실을 알 수 있습니다. 수증기는 불을 끕니다. 연소하지 않죠. 하지만 보다시피 이 병에 든 물질은 연소했습니다. 이 물질은 촛불을 비롯해 여러 수단으로 생성한 물에서도 똑같이 얻을 수 있습니다. 수증기와 쇠가 서로 작용해서 이 물질을 얻고 나면 남은 쇠는 연소한 쇳가루와 아주 비슷한 상태가 됩니다. 이전보다 더 무거워지죠. 관 속에 쇠를 담고 공기나 물이 닿지 않는 상태로 가열했다가 냉각하면 무게가 변하지 않는 반면 수증기를 통과시키면 이전보다 무거워집니다. 이는 쇠 부스러기가 수증기에서 일부 성분을 흡수하기 때문입니다. 흡수하고 남은 성분이 관을 통과해 나오고 그 성분이 바로 이 병에 들어 있는 물질입니다. 여기 이 병에도 그 기체를 가득 채웠습니다. 지금부터 아주 흥미로운 현상을 보여 드리겠습니다. 이 기체는 가연성입니다. 당장이라도 내용물에 불을 붙여서 가연성 물질임을 증명할 수 있지만 그보다 더 중요한 사실을 보여 드리고자 합니다. 이 기체는 아주 가벼운 물질입니다. 수증기는 응결하지만 이 기체는 공기 중에서 날아오를 뿐 응결하지는 않습니다. 여기 이 유리병에는 공기 이외에는 아무 것도 들어 있지 않습니다. 점화용 심지로 확인해 봐도 공기만 들어 있습니다. 다른 유리병에는 이제 지금 언급하고 있는 가벼운 기체를 담아보겠습니다. 그리고 두 병을 거꾸로 들고 있다가 가벼운 기체가 든 병을 옆으로 기울여 공기가 든 병의 입구에 갖다 대겠습니다(그림 15). 수증기에서 발생한 가벼운 기체가 담겨 있던 병에는 지금 무엇이 담겨 있을까요? 그 병에는 공기만 담겨 있습니다. 보십시오! [다른 병을 들며] 이쪽에는 연소성 물질이 담겨 있습니다. 아래쪽 병에서 위쪽 병으로 이

그림15

동한 겁니다. 이 기체는 그 성질과 상태를 그대로 유지하고 있으므로 양초 연소 생성물로서 자세히 관찰할 만한 가치를 지니고 있습니다.

쇠가 수증기 혹은 물과 작용하여 생기는 이 물질은 앞에서 살펴봤듯이 물과 아주 격렬하게 반응하는 칼륨으로도 만들 수 있습니다. 칼륨 조각에 적절한 처리를 가하면 같은 기체가 발생하죠. 반면 아연이 칼륨처럼 물에서 지속적인 반응을 일으키지 않는 이유는 물이 아연과 반응하여 나온 결과물이 아연을 보호하듯이 감싸기 때문입니다. 따라서 이 용기에 아연과 물만 넣으면 서로 격렬하게 작용하지 않으므로 별다른 결과를 얻을 수 없습니다. 하지만 작용을 방해하는 물질인 보호막을 녹인다고 가정해 봅시다. 이 막은 산(酸)을 조금만 첨가하면 녹일 수 있습니다. 산을 첨가한 순간 아연은 상온에서도 마치 쇠처럼 물과 반응을 일으킵니다. 여기 첨가한 산은 이 과정에서 생성되는 산화아연과 결합하는 것 외에는 전혀 변하지 않습니다. 이 유리 용기에 산을 부으면 마치 가열했을 때와 같이 끓어오릅니다. 즉 아연에서 어떤 물질이 모락모락 피어오르지만 수증기는 아니죠. 이

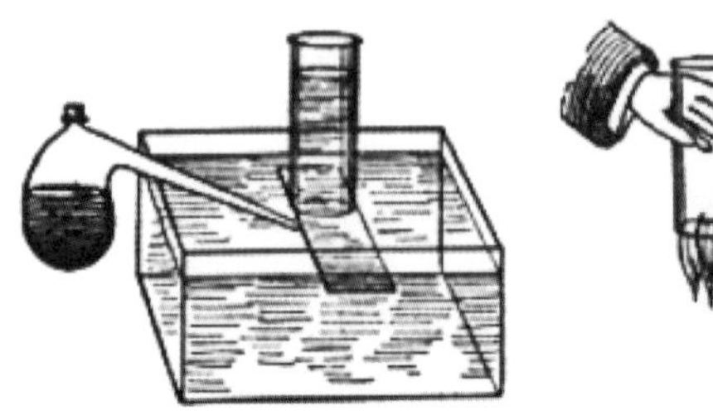
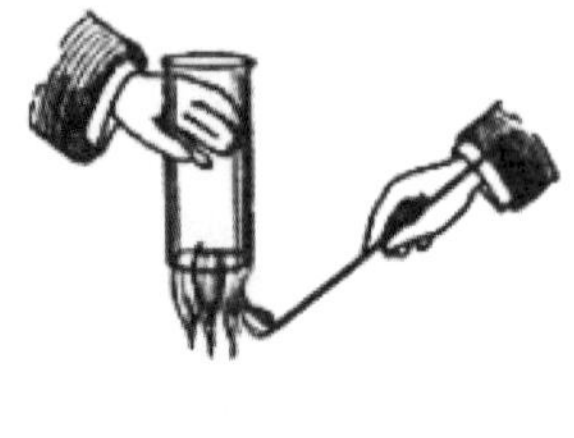

그림16

병에 그 물질을 가득 채워 뒀습니다. 이 병을 거꾸로 들어 불을 붙여 보면 앞에서 쇠관으로 실험했을 때 얻은 물질과 똑같은 가연성 물질이 들어 있음을 알 수 있습니다(그림 16). 이는 물에서 얻을 수 있는 물질로 양초에 들어 있던 물질과 동일합니다.

이제 이 두 가지 사항 사이의 연결 관계를 분명하게 밝혀 봅시다. 이 물질은 바로 수소였습니다. 화학에서 원소(元素)라고 부르는 물질들 중 하나죠. 더 이상 다른 물질로 분해할 수 없으므로 원소라고 부르는 것입니다. 양초에서는 탄소를 얻을 수 있고, 양초에서 생성된 물에서는 수소를 얻을 수 있으므로 양초는 원소가 아닙니다. 이 기체가 수소(水素, hyydrogen)라는 이름을 얻게 된 이유는 다른 원소와 결합해 물을 만들기 때문입니다. 앤더슨 씨가 두세 병에 달하는 수소를 모아 주셨으니 이를 사용해 몇 가지 실험을 실시하겠습니다. 가장 바람직한 실험 방법을 알려드릴 테니 여러분도 주변 사람들의 허락을 얻어 신중하고 주의를 기울여 시도해 보기 바랍니다. 화학 연구를 하다보면 잘못 다룰 경우 위험한 물질들을 접하게 됩니다. 산성물질이나 불, 그리고 우리가 사용하는 가연성 물질을 부주의하게 사용할 경우 큰 부상을 입을 수도 있습니다. 수소를 만들고자 한다면 아연 조각, 그리고 황산이나 염산으로 쉽게 만들 수 있습니다. 여기 이것은 옛날에 '철학자의 등'이라고 불리던 물건입니다. 중심에 유리관을 꽂은 코르크 마개로 작은 유리병의 입구를 막아 만듭니다(그

그림17

림 17). 이 유리병 안에 아연 조각을 몇 개 넣겠습니다. 여러분이 각자 집에서 원할 때 수소를 만들거나 다른 실험을 할 때 활용할 수 있다는 점에서 이 간단한 기구는 우리 실험 목적에 꼭 들어맞습니다. 이 유리병에 물을 거의 가득 채우되, 완전히 채우지 않도록 주의해야 하는 까닭을 말씀드리겠습니다. 앞에서 살펴봤듯이 이때 발생하는 기체는 아주 불이 잘 붙고 공기와 섞였을 때 폭발할 가능성이 높으며 수면 위 공간에 있던 공기가 모두 밖으로 빠져나오기 전에 불을 가까이 대면 위험을 초래할 수 있기 때문입니다. 이제 황산을 붓겠습니다. 이 실험에서는 반응이 한동안 계속 일어나도록 소량의 아연에 황산과 물을 충분히 넣었습니다. 이런 식으로 혼합 비율을 조정함으로써 너무 빠르지도 느리지도 않게 일정한 속도로 기체를 발생시킬 수 있습니다. 이제 유리잔을 거꾸로 들어 유리관 끝에 갖다 대겠습니다. 수소는 가벼우므로 한동안 유리잔 속에 남아 있을 것입니다. 유리잔 속 물질이 수소인지 확인해 보기 위해 내용물을 검사해 보겠습니다. 아마도 분명히 수소가 모였을 겁니다. [유리관 윗부분에 불을 붙인다]. 자, 보십시오. 수소가 타고 있습니다. 이것이 바로 철학자의 등입니다. 터무니없게 약한 불꽃이라고 생각할지도 모르겠습니다. 하지만 이 불꽃은 정말 뜨거워서 평범한 불꽃 중에 이만큼 높은 온도를 내는 것은 없습니다. 철학자의 등은 규칙적으로 계속 타오릅니다.

지금부터는 어떤 장치 아래에 이 불꽃을 놓고 그 결과를 관찰한 다음 얻은 정보를 활용하도록 하겠습니다. 양초를 태우면 물이 생성되고 수소는 물에서 생겨나므로 양초를 대기 중에서 태우는 것과 같은 연소 과정에서 이 기체가 무엇을 생성할 수 있는지 살펴보도록 합시다. 이를 알아보기 위해 철학자의 등을 이 장치 아래에 놓고 수소 연소에서 발생하는 물질을 응결시켜 보겠습니다. 금방 유리관 속에 습기가 맺히고 유리관 벽을 타고 물이 흘러내리는 모습을 볼 수 있습니다(그림 18). 수소 불꽃에서 발생한 물을 시험해 보면 앞에서 다른 방법으로 얻은 물과 똑같은 결과가 나올 것입니다. 수소는 아주 멋진 물질입니다. 수소는 아주 가벼워서 다른 물체를 끌어 올립니다. 대기보다 훨씬 가볍죠. 실험을 통해 증명할 수도 있습니다. 여러분도 손재주가 조금만 있어도 이 실험을 할 수 있습니다. 여기 수소 발생기와 비눗물이 있습니다. 수소 발생기에 고무관을 연결하고 고무관 끝에는 담뱃대를 잇습니다. 이 담뱃대를 비눗물 속에 담그면 수소로 비눗방울을 만들 수 있습니다. 입김으로 분 비눗방울은 바닥으로 떨어집니다. 하지만 수소로 만든 비눗방울은 다릅니다. [강연자가 수소로 비눗방울을 만들자 강당 천장까지 올라간다.] 이 비눗방울이 자신의 아래에 붙은 커다란 일반 비눗방울까지도 끌어올리는 모습을 보면 수소가 얼마나 가벼운지 알 수 있습니다. 수소가 얼마나 가벼운지 증명할 더 좋은 방법도 있습니다. 바로 큰 풍선을 만들어 보는 겁니다. 사실 옛날에는 풍선에 수소를 주입하여 여러 모로 활용했습니다. 앤더슨 씨가 이 고무관을 수소 발생기에 고정하면 거기에서 흘러나오는 수소로 콜로디온(알코올과 에테르에 니트로셀룰로오스를 녹인 용액으로 용매가 증발하면 투명한 막이 생성된다—옮긴이) 풍선을 부풀릴 수 있습니다. 수소가 풍선을 쉽게 들어 올릴 수 있으므로 풍선 속의 공기를 전부 빼내려고 크게 애쓸 필요도 없습니다. [콜로디온 풍선 두 개를 부풀려 공중에 띄우는데 하나는 실로 묶어둔다.] 여기 얇은 막으로 만든 좀 더 큰 풍선이 있습니다. 이 풍선에도 수소를 채워 띄워 보겠습니다. 이 풍선들은 수소가 빠져나갈 때까지 공중에 떠 있을 겁니다.

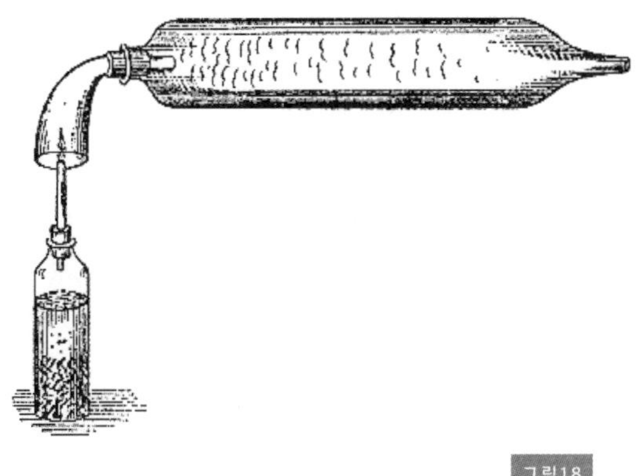

그림18

그렇다면 이런 물질들의 무게를 서로 비교해 보면 어떨까요? 여기에 물질의 무게를 서로 비교해 만든 표를 준비했습니다. 측정 기준으로는 1파인트(약 0.57리터)와 1세제곱피트(약 28.32리터)를 사용했고 각각에 대응되는 수치를 표시했습니다. 수소 1파인트의 무게는 무게의 최저단위인 1그레인(약 0.065그램)[1]의 4분의 3, 즉 0.75그레인에 지나지 않습니다. 또한 수소 1세제곱피트의 무게는 1온스(약 28.35그램)의 12분의 1에 지나지 않습니다. 반면에 물 1파인트의 무게는 8,750그레인, 물 1세제곱피트는 거의 1,000온스에 달합니다. 이처럼 수소와 물의 무게는 서로 엄청나게 큰 차이가 납니다.

수소는 연소하는 동안이나 연소 후에 고체 생성물을 만들지 않습니다. 수소가 연소할 때에는 오직 물만 생성됩니다. 수소를 태우는 불꽃에 차가운 유리잔을 씌우면 습기가 발생하며 금방 상당한 양의 물을 얻을 수 있습니다. 수소를 연소할 때는 양초를 연소할 때 발생하는 물과 똑같은 물만 생깁니다. 연소시켰을 때 오직 물만 생성물로 내놓는 물질은 자연계에서 수소뿐이라는 사실을 꼭 기억해 두십시오.

1 그레인은 대부분의 질량 체계를 통틀어 가장 작은 단위로 원래는 밀알 하나의 질량으로 결정했다.

이제는 물의 일반적인 성질과 성분을 좀 더 자세히 살펴볼 단계입니다. 여러분이 다음 강의 내용을 잘 이해할 수 있도록 조금만 더 이야기를 진행하겠습니다. 앞에서 물과 아연에 산을 넣어 반응을 촉진시켰던 것과 마찬가지로 우리는 한 걸음 더 나아가기 위해 모든 힘을 쏟아야 합니다. 제 뒤에는 볼타 전지가 있습니다. 이 강의 마지막에 볼타 전지의 성질과 힘을 보여드리려고 준비해 두었습니다. 이를 보면 다음 강의 시간에 무엇을 다루게 될지 이해할 수 있을 겁니다. 여기 보이는 것이 볼타 전지에서 전력을 흘려보내는 전선의 끝부분입니다. 우리는 이것이 물과 어떤 반응을 일으키는지 살펴 볼 겁니다.

앞에서 칼륨, 아연, 쇳가루가 연소할 때 어떤 힘을 발휘되는지 살펴보았으나 그 어떤 물질도 이만한 에너지를 보여주지는 않았습니다. [강연자가 전지에 연결된 전선의 양 끝을 서로 접촉하자 밝은 불꽃이 튄다.] 사실 이 빛은 전지 속에 든 40장의 아연판에서 비롯됐습니다. 이렇게 전선을 사용하면 원하는 대로 에너지를 이동시킬 수 있지만 실수로 제 몸에 닿기라도 하면 그 자리에서 즉사할 것입니다. 이 전지는 아주 강력한 힘을 지니며 다섯을 셀 동안 발생하는 전력은 [양 전선 끝을 접촉해 전광을 일으킨다.] 번개가 몇 차례 내리치는 경우에 필적할 만큼 엄청납니다.[1] 볼타 전지가 얼마나 강력한 에너지를 지녔는지 잘 확인하셨죠? 저는 이 볼타 전지 전선의 끝을 이 쇠줄에 대면 타버릴 것이라고 장담할 수 있습니다. 이는 화학 반응으로 발생하는 힘입니다. 다음 시간에는 이 에너지를 물에 적용하면 어떤 결과를 얻을 수 있는지 보여 드리겠습니다.

---

1 패러데이 교수는 강력한 번갯불이 물 1그레인을 분해하는 데 필요한 만큼의 전력을 낸다고 계산했다.

제4강

양초 속의 수소 - 연소로 생성되는 물 - 물을 구성하는 나머지 성분 - 산소

여러분이 여전히 이 주제에 흥미를 나타내는 걸 보니 다행히 양초 이야기에 질리지 않은 모양이네요. 앞에서 양초가 연소할 때 우리 주변에서 흔히 찾아볼 수 있는 물과 똑같은 물을 생성한다는 사실을 살펴봤습니다. 또한 그 물 속에는 수소가 들어있으며 이 수소를 연소하면 다시 물이 발생한다는 점도 배웠습니다. 이후 여러분에게 볼타 전지를 보여 드렸습니다. 아주 짧게 언급하기는 했지만 이 장치는 화학 에너지를 발생시켜서 전선을 통해 전력을 전달하도록 만든 기구입니다. 그 에너지로 물을 분해해서 수소 외에 어떤 성분이 물을 구성하고 있는지 살펴보겠다고도 말씀드렸습니다. 앞에서 쇠관에 물을 수증기 형태로 통과시켰을 때 상당량의 기체가 발생하기는 했지만 통과시킨 물의 중량과 비교하면 그 무게는 미미했습니다. 뭔가 다른 물질이 있었음을 추측할 수 있는 대목입니다. 이제는 물을 구성하는 그 나머지 성분이 무엇인지 조사하고자 합니다. 볼타 전지의 성질과 용도는 이해했을 테니 한두 가지 실험을 해 보도록 합시다. 먼저 이미 알고 있는 몇 가지 물질을 준비한 다음 볼타 전지가 어떤 작용을 하는지 살펴봅시다. 여기 구리[1]가 있습니다. 구리가 얼마나 다양한 변화를 일으킬 수 있는지 관찰해 보십시오. 여기에는 질산을 준비했습니다. 질산은 아주 강한 화학 작용제로 구리에 첨가하면 강력한 반응을 일으킵니다. 이렇게 붉은 기체가 발생하는 것이 보이시죠? 하지만 우리가 원하는 것은 이 기체가 아니므로 방해받지 않고 실험을 계속할 수 있도록 앤더슨 씨가 이를 들고 잠시 환기구 옆에 서 있을 겁니다. 지금 플라스크에 넣은 구리가 녹고 있으며 곧 푸른색 액체로 바뀔 겁니다. 그 액체에 볼타 전지가 어떻게 작용할지 보여 드리겠습니다. 그럼 구리와 질산 수용액이 반응하는 동안 먼저 볼타 전지가 어떤 힘을 지니고 있는지 알아 볼 수 있는 실험을 해 보겠습니다. 여기 물과 같은 용액이 있습니다. 이때 물과 같다는 말은 물에 아직 우리가 모르는 성분이 있듯이

1 구리 및 구리와 주석의 합금인 청동은 인류 역사상 오랫동안 가장 널리 사용된 금속이다. 인류 문명에서 청동기라는 한 시대를 남기기도 했다. 구리는 불그스름한 갈색을 띠며 그 이름은 로마 시대 구리 주산지였던 키프로스에서 유래했다. 구리는 산에 잘 녹는다. 구리를 질산에 녹이면 붉은 빛을 띠는 기체인 이산화질소(NO_2)가 발생한다.

이 용액에도 우리가 모르는 성분이 들어 있다는 뜻입니다. 이 소금 용액[2]을 종이 위에 쏟아서 퍼트린 다음 볼타 전지의 힘을 가하면 어떻게 되는지 관찰해 봅시다. 우리는 여기서 몇 가지 중요한 사실을 알게 될 겁니다. 이 젖은 종이를 은박지 위에 올립니다. 이렇게 하면 깔끔하고 전류가 잘 통하도록 돕습니다. 보다시피 이 용액은 종이나 은박지를 비롯해 지금까지 접촉한 어떤 물질에도 영향을 받지 않았으므로 앞으로 나타나는 반응은 오로지 볼타 전지에 의한 것입니다. 하지만 먼저 볼타 전지가 잘 작동하는지 살펴보겠습니다. 여기 전선이 있습니다. 지난번과 같은 상태인지 알아보죠. 금방 확인할 수 있습니다. 아직은 두 전선을 접촉해도 아무런 변화도 일어나지 않습니다. 이는 전기가 통하는 통로인 전극이 막혀 있기 때문입니다. 지금 앤더슨 씨가 신호를 보내 준비가 됐다고 알려 왔습니다. [전선 양 끝에서 갑자기 발생한 불빛을 가리킨다.] 실험을 시작하기 전에 앤더슨 씨에게 전류를 다시 끊도록 요청해서 양극을 백금 선으로 연결하겠습니다. 이 백금 선이 빨갛게 변한다면 실험을 무사히 실시할 수 있습니다. 이제 전지의 힘을 보세요. [양극 사이의 백금 선이 빨갛게 달아오르기 시작한다.] 전선을 통해 전류가 잘 흐르고 있습니다. 이렇게 강력한 힘이 흐른다는 사실을 여러분에게 잘 보여드리고자 가는 백금 선을 연결한 것입니다. 이제 이 힘을 사용해서 물의 성분을 알아보겠습니다.

여기 백금판 두 장이 있습니다. 백금판을 종이 [은박지 위에 올린 젖은 종이] 위에 올려 보면 어떤 반응도 일어나지 않습니다. 이를 치워도 눈으로 볼 수 있는 변화는 일어나지 않고 원래 상태 그대로 남아 있습니다. 그러나 이제부터 어떤 일이 일어나는지 잘 보십시오. 먼저 전선 양극 중 한쪽을 종이 위에 놓인 백금판에 접촉하면 아무런 일도 일어나지 않지만, 이렇게 양극을 동시에 백금판에 접촉하면 어떤 일이 일어나는지 볼까요? [전지 양극이 닿은 곳에 갈색 점이 나타난다]. 작용이 일어난 부분을 보십시오. 하얀 종이 위에 갈색 자국이 생겼습니다. 전극 중 한쪽을 고정시켜 두고 나머지 한쪽을 움직이

2 아세트산납 수용액에 볼타 전류를 가하면 음극에는 납이, 양극에는 갈색 이산화납이 생성된다. 질산은 수용액에 볼타 전류를 가하면 음극에는 은이, 양극에는 과산화은이 생성된다.

면 이렇게 종이에 선명하게 반응이 나타납니다. 이 성질을 이용해서 글씨, 일종의 전보(電報)를 쓸 수 있을지 확인해 보겠습니다. [강연자가 한쪽 전선으로 종이 위에 '청소년' 이라는 글자를 쓴다.] 글씨가 아주 선명하게 나타납니다. 이 반응에서 우리는 이전에 몰랐던 어떤 물질이 추출됐다는 사실을 알 수 있습니다. 그럼 이제 앤더슨 씨로부터 플라스크를 건네받아 그 속의 용액에서는 무엇을 추출할 수 있는지 알아봅시다. 알다시피 이는 우리가 다른 실험을 하는 동안 구리와 질산을 반응시켜 만든 용액입니다. 지금 이 실험을 아주 급하게 하고 있어서 다소 실수를 할 수도 있겠지만 미리 준비해 둔 것을 보여드리는 것보다는 직접 실험하는 모습을 보여드리고 싶습니다. 자, 어떤 일이 일어나는지 보십시오. 지금 백금판 두 장을 이 장치 양 끝에 연결하겠습니다. 그 다음 방금 전에 종이에 했듯이 이 양 끝을 구리와 질산이 반응한 용액에 접촉시켜 보죠. 사실 양극이 모두 연결되어 있다면 용액이 종이 위에 있든, 병에 들어 있든 상관없습니다. [장치를 전지와 연결하지 않은 상태로 백금판을 용액에 담근다.] 장치 양 끝의 백금을 그냥 용액에 넣었다가 빼면 들어갈 때와 마찬가지로 깨끗하고 하얀 상태로 나옵니다. 그러나 전류가 통하는 상태로 용액에 넣으면 [백금판을 볼타 전지와 연결해서 다시 용액에 담근다.] 이처럼 [백금판 한 장을 꺼내 보이며] 순식간에, 마치 구리처럼 변합니다. 구리판처럼 된 것이 보이시죠? 반면에 이쪽[나머지 백금판을 꺼내 보이며]은 깨끗합니다. 이 두 장의 위치를 바꾸면 구리가 오른쪽에서 왼쪽으로 이동합니다. 구리로 덮였던 백금판은 깨끗해지고 깨끗했던 백금판은 구리로 덮이는 것이죠. 이렇듯 이 장치를 사용하면 용액에 녹은 구리를 추출할 수 있습니다.

이제 용액은 잠시 제쳐놓고 이 장치가 물에 어떻게 작용하는지 살펴봅시다(그림 19). 여기 있는 백금판 두 장을 볼타 전지 양극에 연결하겠습니다. 이 작은 병(C)은 분해가 가능하고 구조를 알기 쉬운 형태입니다. 여기 두 개의 작은 접시(A와 B)에 수은[1]을 붓고 백금판을

1 수은은 자연계에서 액체 상태로 존재하는 유일한 금속이다. 그리스 철학자이자 과학자인 아리스토텔레스(BC 384-322)는 수은을 가리켜 '액체 은'이라고 불렀고 디오스코리데스(고대 로마시대 식물학자—옮긴이)는 '은 물'이라고 불렀다.

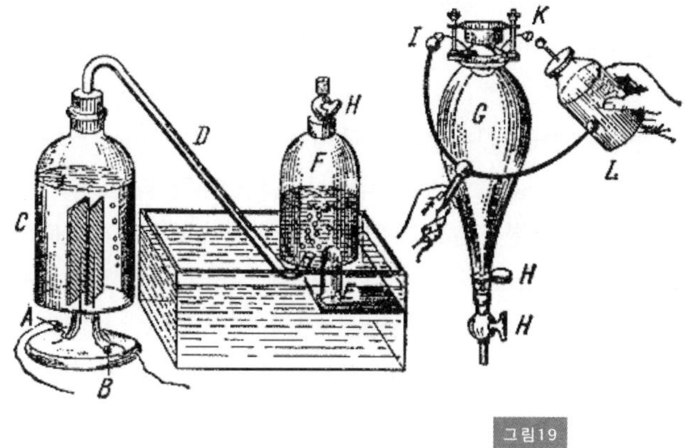

그림19

연결한 전선 끝과 접촉시킵니다. 병(C)에 산을 소량 첨가한 물을 붓고 (산을 첨가하는 목적은 반응의 촉진이며 결과에는 아무런 영향을 미치지 않는다.) 윗부분에 굽은 유리관(D)을 연결합니다. 앞에서 실시한 화로 실험에서 쇠관과 연결했던 유리관이 생각나는 분도 있겠네요. 이 유리관을 별개의 유리병(F) 아래로 연결합니다. 이제 장치를 다 설치했으니 물과 반응을 일으켜 봅시다. 앞에서 실시한 실험에서는 빨갛게 달군 쇠관으로 증기를 통과시켰습니다. 이번에는 이 병 속 내용물에 전기를 통과시켜 보겠습니다. 만약 제가 물을 끓게 한 것이라면 수증기가 발생할 것이고, 알다시피 수증기는 냉각되면 응결되어 물방울이 보일 것이므로 이를 통해 여러분은 제가 물을 끓게 한 것인지 아닌지 알 수 있을 겁니다. 이제부터 주의 깊게 잘 살펴보시기 바랍니다. 전선 하나는 이쪽(A)에 나머지 전선은 반대쪽(B)에 연결하면 곧 어떤 반응이 나타나는지 확인할 수 있습니다. 마치 물이 요란하게 끓어오르는 듯 보입니다. 하지만 과연 이는 물이 끓는 현상일까요? 빠져나오는 물질이 수증기인지 여부를 확인해 봅시다. 물에서 피어오르는 기체가 수증기라면 곧 이 병(F)에는 김이 가득 서릴 것입니다. 하지만 과연 그 기체는 수증기일까요? 그렇지 않습니다. 보다시피 병 속에 김이 서리지 않으니까요. 물 위에 그대로 있는 것을 보니 수증기가 아니라 분명히 기체 상태를 유지하는 물질의 일종인 듯합니다.

과연 이 기체는 무엇일까요? 수소일까요? 아니면 다른 물질일까요? 지금부터 확인해 보겠습니다. 만약 이 기체가 수소라면 연소할 것입니다. [모아진 기체에 강연자가 불을 붙이자 폭발음을 내면서 연소한다.] 가연성 기체임에는 틀림없지만 연소하는 양상이 수소와 다릅니다. 수소는 연소할 때 이런 소리를 내지 않습니다. 다만 이 기체가 연소할 때 내는 불빛은 수소가 연소할 때 내는 불빛과 같습니다. 이 기체는 공기와 접촉하지 않아도 연소합니다. 이 실험 특유의 상황이 무엇인지 강조하기 위해 이런 형태의 장치를 선택했습니다. 즉 공기가 통하는 용기 대신 밀폐 용기를 골랐습니다. 전지는 정말 잘 작동해서 수은도 가열할 수 있었고 모든 실험 과정이 아주 잘 진행됐습니다. 이제 이 실험으로 발생한 기체가 공기와 접촉하지 않아도 연소할 수 있으며 이 점에서 공기가 없으면 연소할 수 없는 양초와 다르다는 점을 보여 드리겠습니다. 그 방법은 다음과 같습니다. 먼저 여기 유리 용기(G)가 있습니다. 여기에 전류를 가할 수 있도록 백금 선 두 개(I, K)를 연결했습니다. 이 용기에 공기 펌프를 연결해 공기를 모두 배출할 수 있습니다. 공기를 전부 빼낸 다음 이를 이 유리병(F)과 연결해 볼타 전지가 물에 작용하여 발생한 기체, 즉 물을 변화시켜 만든 기체를 이 용기에 채웁니다. 우리는 전기를 물에 작용시키는 실험을 통해 물에서 기체를 만들어냈습니다. 액체인 물을 기체 상태로 바꿨을 뿐만 아니라, 이 실험으로 우리는 여기 있던 물은 분해한 것입니다. 이 용기(G H)를 이 꼭지(H)에 돌려 끼워서 용기를 서로 잘 연결한 다음 꼭지(H H H)를 열면 유리병(F) 속 수면이 상승하는 모습을 볼 수 있습니다. 용기에 기체를 가득 채웠으니 이제 꼭지를 닫겠습니다. 여기에 라이덴 병[1](L)에서 발생하는 전기 불꽃을 통과시키면 맑고 투명했던 병 속이 흐려집니다. 유리병이 폭발음을 막을 만큼 견고하므로 소리는 들리지 않습니다. [병 속에 불꽃이 지나면서 폭발성 혼합물이 점화한다.] 밝게 빛나는 불꽃을 봤나요? 용기를 다시 병에 돌려 끼우고 꼭지를 열면 기체가 다시 올라오는 모습을 볼 수 있습니다. [다시 꼭지

1 라이덴 병(Leyden jar)은 전하를 저장하는 장치로 유리병 안팎에 높이 3분의 2 가량의 금속박을 대서 만든다. 이 장치가 발명된 네덜란드의 도시 라이덴에서 이름을 따서 라이덴병이라고 부른다.

를 연다.] 그 기체[처음에 병에 모아서 방금 전기 불꽃으로 점화한 기체를 가리키며]는 보다시피 사라졌습니다. 그 기체가 있던 병이 텅 비자 이제 새로운 기체가 들어갔고, 그 기체에서 물이 생성됐습니다. 이 작업을 되풀이하면 [실험을 반복한다] 다시 빈자리가 생기고 이는 수면 상승으로 확인할 수 있습니다. 폭발이 일어날 때마다 항상 병은 비게 됩니다. 전지로 물을 분해해서 발생하는 기체는 불꽃이 발생하면 폭발을 일으키며 물로 변하기 때문입니다. 곧 위쪽 용기 안에서 물방울이 벽을 타고 흘러내려 바닥에 고이는 모습을 보게 될 것입니다.

우리는 지금 전적으로 대기와 무관하게 물을 만들고 있습니다. 양초가 연소할 때는 주변 대기가 작용해서 물이 생성됐지만 이 방법을 사용하면 공기와 전혀 무관하게 물을 만들 수 있습니다. 따라서 우리는 양초가 연소할 때 생기는 물은 양초가 공기 중에서 받아들이는 그 어떤 물질을 함유하고 있다는 것을 상기할 수 있습니다. 그 물질이 수소와 결합하여 물이 생성되는 것이죠.

조금 전에 우리는 이 전지의 한쪽 극이 푸른 용액을 담고 있는 용기에서 구리를 추출하는 모습을 살펴봤습니다. 바로 이 전선에 의해 일어난 일이죠. 전지가 우리가 만든 금속 용액에 그런 영향을 미친다면 물을 구성하는 성분을 분해해서 양쪽으로 나눠 모을 수도 있지 않을까요? 이 전지의 양극을 이용해 여기 보이는 장치(그림 20) 속에 든 물에 어떤 일이 일어나는지 관찰해 봅시다. 이 장치에서는 양극을 서로 떨어뜨려 놓았습니다. 한쪽은 여기(A)에 두고 다른 한쪽은 조금 떨어진 곳(B)에 두었습니다. 구멍이 뚫린 작은 받침대에 전지 양극을 연결한 다음, 전지 양극에서 발생하는 기체가 각각 분리돼서 나타나도록 배치합니다. 앞에서 봤듯이 물에 전기를 흘리면 수증기가 아닌 기체가 발생합니다. 이제 물을 담은 용기에 전선을 제대로 잘 연결했습니다. 기포가 올라오는 모습이 보이시죠? 이 기포를 모아서 살펴보겠습니다. 여기 유리관(O)이 있습니다. 유리관에 물을 채운 뒤 전극 한쪽(A) 위에 놓습니다. 다른 유리관(H)에도 물을 채워 나머지 전극(B) 위에 놓습니다. 자, 이제 우리는 양극에서 기체가 발생하는 이중 장치를 완성했습니다. 양쪽 유리관에 기체가 모입니다. 오른쪽(H)

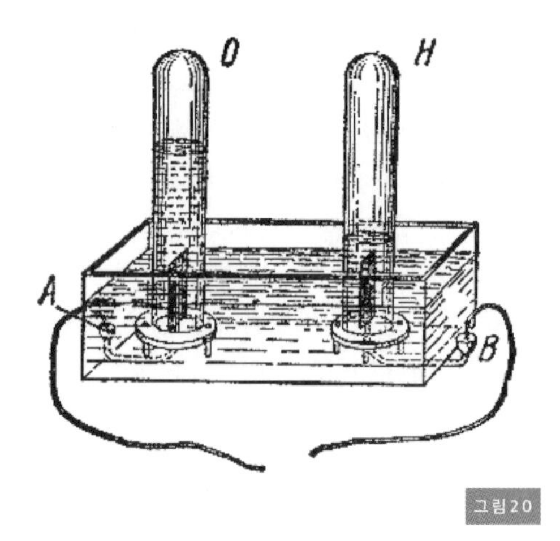

그림20

유리관에는 기체가 아주 빨리 모이는 반면, 왼쪽(O) 유리관에는 그리 빨리 모이지 않습니다. 기체가 조금씩 빠져나가도록 해도 반응은 상당히 일정하게 일어납니다. 양쪽 유리관 크기가 서로 같다면 이쪽(H) 유리관에 모이는 기체가 저쪽(O) 유리관에 모이는 기체에 비해 두 배로 많다는 사실을 알 수 있습니다. 기체는 둘 다 무색입니다. 두 기체 모두 응결되지 않고 물 위에 모여 있습니다. 두 기체는 모든 면에서 비슷합니다. 겉보기에 아주 비슷하다는 뜻입니다. 이제 두 기체를 검토해서 정체를 확인해 보겠습니다. 많은 양이 모였으니 손쉽게 실험을 할 수 있습니다. 이 유리관(H)을 먼저 살펴보면서 수소인지 확인해 보겠습니다.

수소의 특징을 떠올려 봅시다. 수소는 용기 입구를 아래로 향해도 그 속에 머무를 정도로 가벼운 기체로 희미한 불꽃을 내며 타오릅니다. 여기 모인 기체가 이런 특징을 충족하는지 확인해 봅시다. 만약 이 기체가 수소라면 이 유리관을 뒤집어도 내부에 남아 있을 것입니다. [이때 기체에 불을 붙여 수소임을 확인시켜 준다.] 그렇다면 나머지 유리관 속에 든 기체는 무엇일까요? 우리는 두 기체를 혼합하면 폭발이 발생할 수 있다는 사실을 알고 있습니다. 수소와 함께 물을 구성하는 성분이자 수소를 연소시키는 성분인 이 기체는 무엇일까요? 우리는 이 용기에 담긴 물이 두 가지 성분으로 이루어져 있다는 사실을 알고 있습니다. 그 중 하나는 수소입니다. 그렇다면 실험을 실시하기 전에는 물을 이루는 구성 성분이었고 지금은 전기 분해로 그 성분만 따로 모아둔 이 기체는 무엇일까요? 지금 불을 붙인 나무 조각을 이 기체 속에 넣어 보겠습니다. 이 기체 자체는 연소하지 않지만 나무 조각이 활발하게 연소하도록 돕는 역할을 합니다. [강연자가 나무 끝에 불을 붙여 기체가 든 용기 속에 넣는다.] 이 기체가 나무의 연소를 얼마나 활성화하는지, 공기 중에서 태울 때보다 얼마나 더 잘 타오르게 하는지 보십시오. 이 사실에서 물을 구성하는 나머지 성분이 양초가 연소하면서 물을 생성할 때 대기 중에서 끌어다 쓰는 성분임을 알 수 있습니다. 이 성분을 무엇이라고 부를까요? A나 B, 아니면 C가 좋을까요? 아니, O라고 합시다. 바로 '산소(Oxygen)'입니다. 이는 아주 확실히 좋은 이름입니다[1]. 물의 상당 부분을 차지하는 이 기체의 이름으로서 말이죠.

이제 우리는 앞에서 실시한 실험과 연구를 좀 더 확실하게 이해할 수 있게 되었습니다. 왜나하면 반복된 실험으로 양초가 공기 중에서 연소되는 이유를 향해 점점 다가가고 있거든요. 전기 분해 방법으로 물을 분리하면 수소와 산소를 2:1의 부피비로 얻게 됩니다. 또한 수소와 산소의 무게를 도표로 나타내면 다음과 같습니다. 수소와 함께 물을 구성하는 또 다른 성분인 산소는 수소에 비하면 아주 무거운 물질입니다.

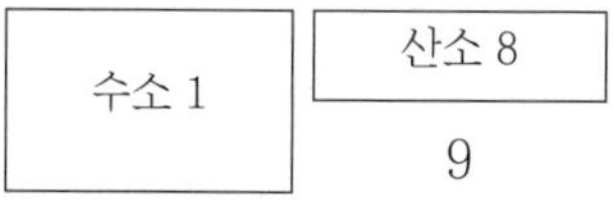

수소 1	산소 8
	9

산소...................... 88.9
수소...................... 11.1

물.......................... 100.0

1 산소는 1774년에 조지프 프리스틀리(1733-1804)가 발견했다. 실제로는 칼 빌헬름 셸레(1742-1786)가 프리스틀리보다 먼저 발견했으나 셸레가 그 발견을 기록한 서적이 1776년에 출판됐다. 산소를 발견한 또 한 사람인 라부아지에는 그리스어로 '신맛'을 뜻하는 oxys와 '생성'을 뜻하는 gaz를 합쳐서 oxygen(산소)라는 이름을 붙였다.

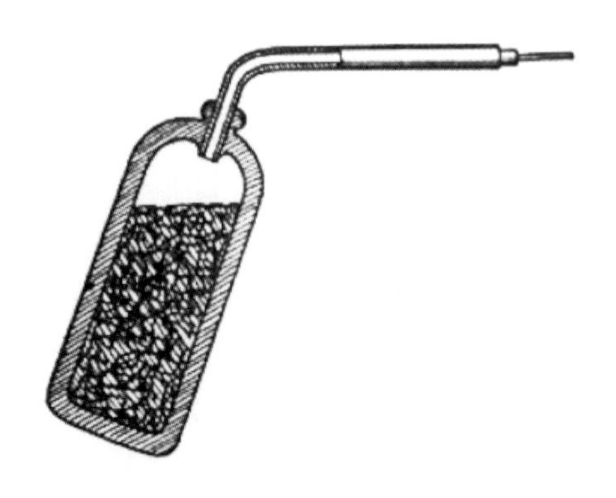

그림 21

앞에서 이미 물로부터 산소를 분리하는 방법은 보여 드렸으니 이제 산소를 다량으로 얻는 방법을 알려 드리겠습니다. 산소는 대기 중에 존재합니다. 산소가 없다면 어떻게 양초가 연소할 때 물이 생성되겠습니까? 화학에 근거할 때 대기 중에 산소가 없다면 결코 그런 일은 일어날 수 없습니다. 그렇다면 우리 주변의 공기 중에서 직접 산소를 얻을 수는 없을까요? 공기 중에서 산소를 모으기 위해서는 아주 복잡하고 어려운 과정을 거쳐야 합니다. 하지만 더 좋은 방법으로 산소를 얻을 수 있습니다. 이산화망가니즈[1]라고 하는 검은 물질이 있습니다. 칙칙한 색 때문에 아름답지는 않지만 아주 유용한 물질이며 가열하면 산소가 발생하죠. 여기 이산화망가니즈를 넣은 철제 병이 있습니다(그림 21). 입구에는 관을 연결해 두었고 불을 준비했습니다. 앤더슨 씨가 이 장치를 불로 가열할 것입니다. 철로 만든 제품이므로 열에 견딜 수 있습니다. 여기에는 염소산칼륨이라고 하는 일종의 염류가 있습니다. 표백을 비롯해 화학 및 의료, 불꽃놀이 용도로 대량 생산되는 물질입니다. 이 소량의 염소산칼륨을 이산화망가니즈에 섞겠습니

1 이산화망가니즈(MnO_2)는 흑갈색 고체다. 이산화망가니즈는 망가니즈 화합물 중 가장 안정성이 높으며 지각에서 연망가니즈석의 형태로 흔히 찾아볼 수 있다. 각종 산업과 실험실에서 널리 사용하는 저렴한 산화제다. 유리 공업에서는 탈색제로 사용한다.

그림22

다. 산화구리 혹은 산화철도 이산화망가니즈와 같은 역할을 합니다. 염소산칼륨을 첨가하면 훨씬 적은 열만으로도 혼합물에서 산소를 발생시킬 수 있죠. 실험용으로 적당한 양만 있으면 되므로 너무 많이 만들지는 않겠습니다. 다만 처음에 발생하는 기체는 이미 용기 안에 들어 있던 기체와 섞여서 희석되므로 처음에 발생한 부분은 버려야 합니다. 이 실험의 경우 일반적으로 사용하는 알코올램프만으로도 충분하므로 단지 두 단계면 산소를 만들 수 있습니다. 보다시피 소량의 혼합물에서 많은 양의 기체가 발생합니다. 이 기체를 검사해서 특징을 알아보겠습니다. 지금 우리는 이 방법으로 앞에서 전지를 이용한 실험에서 얻은 것과 똑같은 기체를 만들고 있습니다. 투명하고 물에 녹지 않으며 겉으로 보기에 공기와 같은 성질을 나타내는 기체 말이죠. 이 병 속에서 처음 발생한 산소는 내부 공기와 섞인 상태이므로 이는 버리고 철저하게 실험할 준비를 갖추겠습니다. 볼타 전지를 이용하여 물을 분해해 얻은 산소는 나무나 양초 같은 물질을 더욱 격렬하게 태우는 성질을 지니고 있었으므로 지금 만들고 있는 기체도 같은 특징을 나타낼 것으로 기대할 수 있겠습니다. 시험해 보겠습니다. 불을 붙인 점화용 심지는 공기 중에서 이런 식으로 연소합니다. 이를 이 기체 속에 넣어 보겠습니다. [심지를 용기 속에 넣는다]. 정말이지 밝고 아름답게 타오르죠? 다른 특징도 알 수 있습니다. 수소가 들어 있는 기구는 빠른 속도로 떠오릅니다. 사실 기구의 무게를 감안한다면 수소 자체는 그보다 훨씬 더 빨리 떠오르는 셈입니다. 물을 전기 분해했을 때 얻은 수소 부피는 산소 부피의 두 배에 달했지만 그 무게는 두 배가 되지 않습니다. 산소는 무겁고 수소는 가볍기 때문이죠. 기체나 공기의 무게는 여러 방법으로 측정할 수 있지만 여기서는 그냥 산소와 수소 각각의 무게를 알려 드리겠습니다. 수소 1파인트의 무게는 0.75그레인(약 0.0486그램)입니다. 산소 1파인트의 무게는 거의 12그레인(약 0.778그램)에 달합니다. 이는 아주 큰 차이입니다. 수소 1세제곱피트의 무게는 12분의 1온스(약 2.36그램)인 반면 산소 1세제곱피트의 무게는 3분의 4온스(약 37.8그램)입니다. 이렇게 저울로 잴 수 있는 무게가 되면 상당한 부피에 달하게 되고 그 무게 차이도 대단히 커집니다.

연소를 돕는 산소의 성질은 공기와 비교할 수 있습니다. 양초를 이용해 대략적인 방식으로 이를 보여드리고자 합니다. 따라서 결과도 대략적인 수준임을 염두에 두시기 바랍니다. 여기 공기 중에서 연소하고 있는 양초를 산소 속에 넣으면 어떻게 될까요? 여기 산소를 채운 병이 있습니다. 산소의 작용을 공기의 작용과 비교할 수 있도록 이 병을 연소하는 양초 위에 씌워 보겠습니다. 보십시오. 마치 볼타 전지 전극에서 발생했던 빛과 비슷합니다. 그 작용이 얼마나 격렬한지 눈여겨 보세요. 그렇지만 이 격렬한 작용이 일어나는 동안에도 공기 중에서 양초가 연소할 때 발생하는 물질 이외의 다른 물질이 생기지는 않습니다. 즉 공기 중에서 연소할 때와 마찬가지로 산소 속에서 연소할 때에도 여전히 물이 생성되는 똑같은 현상이 발생하는 것이죠.

이제 이 새로운 물질에 관해 배웠으니 양초 연소 생성물을 구성하는 이 기체의 일반적 속성을 좀 더 자세하게 조사해 보겠습니다. 산소는 물질이 연소할 때 대단히 큰 위력을 발휘합니다. 예를 들어 여기 단순하지만 등대, 현미경 조명을 비롯한 다양한 용도로 만든 여러 등의 원형이라고 할 수 있는 등이 있습니다. 만약 제가 이 등이 아주 밝게 타오르게 해 보라고 한다면 여러분은 "양초가 산소 속에서 더 잘 연소한다면 등도 그렇지 않을까요?"라고 말할 것입니다. 물론 그렇습니다. 앤더슨 씨가 산소 저장고와 연결된 관을 제게 건네면 그 관을 이 불꽃에 갖다 대 보겠습니다. 이 불꽃은 일부러 연소 상태가 나쁘게 조절해 뒀습니다. 이제 산소가 나옵니다. 정말 활발하게 연소되는 게 보이시죠? 산소가 나오는 관을 막으면 등은 어떻게 될까요? [산소가 멈추자 등불은 다시 희미해진다.] 이렇듯 산소를 사용하면 연소를 크게 활성화할 수 있습니다. 산소는 수소나 탄소, 그리고 양초의 연소에 영향을 미칠 뿐만 아니라 모든 물질의 연소를 활성화합니다. 앞에서 이미 대기 중에서 약하게 타는 철을 살펴봤으므로 이번에는 철을 산소 속에서 연소시켜 보겠습니다. 여기 산소가 든 병이 있고 이것은 철사입니다. 하지만 이것이 제 손목만큼 두꺼운 막대기였다고 하더라도 똑같이 탈 것입니다. 먼저 나뭇조각을 철사에 붙인 다음 이 나무에 불을 붙여서 산소가 든 병에 한꺼번에 넣습니다. 불이 붙은 나뭇조각은 산소 속에서 계속 타오릅니다. 그러다가 곧 그 불꽃이 철로 옮겨갈 겁니다. 보세요. 이제 철사가 환하게 타오르고 있습니다. 앞으로 오랫동안 계속 연소될 것입니다. 산소를 공급하는 한 철사가 전부 다 탈 때까지 연소가 계속되는 것이죠.

그림 23

연소되는 철사는 잠시 제쳐 두고 다른 물질을 살펴보겠습니다. 시간이 넉넉하다면 온갖 실험을 하고 싶지만 시간이 충분하지 않으므로 제한할 필요가 있습니다. 일단 황[1]을 관찰해 보겠습니다. 황이 공기 중에서 어떻게 연소되는지 이미 알고 계실 겁니다. 타고 있는 황에 산소를 공급해 보면 공기 중에서 연소되는 물질은 무엇이든 산소 속에서 훨씬 더 격렬하게 타오른다는 사실을 다시금 깨닫게 될 겁니다. 이를 보면 대기에서 연소가 가능한 이유는 결국 대기 중에 산소가 있기 때문이라는 결론에 다다르게 됩니다. 지금 황이 산소 속에서 아주 조용하게 타고 있습니다. 하지만 일반 대기 중에서 아주 희미하게 타는 양상에 비하면 산소 속에서 연소하는 황의 모습은 대단히 활발한 것이라는 사실을 염두에 두어야 합니다.

지금부터는 인을 연소해 보겠습니다. 인을 연소하는 실험은 여러분이 집에서 실시하기보다는 여기에서 보는 편이 바람직합니다. 인은 대단히 가연성이 높은 물질입니다. 공기 중에서도 그렇게 잘 연소한다면 산소 속에서 연소할 때는 얼마나 격렬하겠습니까? 지금부터 보여드리는 실험도 최대 강도는 아닙니다. 최대 강도로 인을 연소하면 실험 기구가 폭발할 우려가 있기 때문입니다. 최대한 주의하여 실험 기구를 지키고 싶지만 용기에 금이 갈지도 모르겠습니다. 일단 공기 중에서 타오르는 인을 잘 살펴보시기 바랍니다. 여기에 산소를 가하면 정말로 영롱한 빛을 내게 되겠죠. [불을 붙인 인을 산소가 든 용기 속에 넣는다.] 인이 연소되면서 이처럼 밝은 빛을 내는 원인이 되는 입자가 터지는 모습이 보일 겁니다.

지금까지 우리는 여러 물질을 이용하여 연소 활성화를 비롯한 산소의 몇몇 특징을 확인했습니다. 이제 산소와 수소의 관계를 좀 더 자세히 살펴보겠습니다. 앞에서 실시한 실험에서 확인했듯이 물을 분해해 얻은 산소와 수소를 혼합해서 불을 붙이면 소규모 폭발이 발생합니다. 또한 산소와 수소가 함께 나오는 분출구에 불을 붙이면 아주

1 황은 호메로스 시대부터 알려진 물질이다. 연금술사는 황을 가연성 물질이자 모든 금속을 구성하는 성분으로 간주했다. 황의 기본적인 성질을 밝힌 사람은 라부아지에였다. 황을 뜻하는 라틴어의 어원은 불명확하다. 황은 잘 연소하는 물질이다.

그림24

희미한 빛을 내면서도 동시에 엄청난 열을 낸다는 사실을 기억할 것입니다. 그럼 물을 구성하는 비율로 산소와 수소를 혼합한 다음 여기에 불을 붙여 보겠습니다. 이 병에는 산소와 수소가 1:2의 부피비로 담겨 있습니다. 이 혼합물은 조금 전에 볼타 전지로 물을 분해해 얻은 기체와 비율이 동일합니다. 한꺼번에 연소하기에는 양이 너무 많으므로 이 기체로 비눗방울을 분 다음 그 비눗방울에 불을 붙여 산소가 수소의 연소를 어떻게 돕는지 살펴보도록 하겠습니다. 먼저 비눗방울을 불 수 있는지 여부부터 확인하겠습니다. 자, 기체가 나오고 있습니다. [담뱃대를 통해 혼합 기체를 비눗물에 뿜어넣는다]. 비눗방울이 생겼습니다. 손바닥으로 받아보겠습니다. 제가 하는 행동이 우스꽝스럽게 보일 수도 있겠지만 우리는 허상에 의지하지 말고 실상에 의지해야 합니다. [손바닥에 있는 비눗방울이 터진다.] 담뱃대 끝에서 나오는 비눗방울에 직접 불을 붙여서는 안 됩니다. 그랬다가는 폭발이 용기 안으로 전해져서 산산조각 날 수 있습니다. 여러분이 생생하게 눈으로 보고 귀로 들은 현상에 의해 산소가 수소와 결합되고 있습니다. 그 힘은 모두 수소의 성질을 중화하는 데 쓰입니다.

앞에서 논의한 내용을 통해 산소 및 공기, 그리고 물의 전반적인 관계를 이해하셨을 것입니다. 칼륨이 물을 분해하는 이유는 무엇일까요? 칼륨이 물을 구성하는 산소와 반응하기 때문입니다. 칼륨을 물에 넣었을 때 무엇이 발생할까요? 다시 한 번 실험해 보겠습니다. 칼륨을 물에 넣으면 수소가 발생하고 이 수소는 연소됩니다. 이때 칼륨 자체는 산소와 결합하죠. 칼륨이 물, 예를 들어 양초 연소로 생성된 물을 분해할 때 양초가 공기 중에서 끌어온 산소를 빼앗고 이 과정에서 수소가 방출됩니다. 산소와 칼륨은 대단히 큰 화학적 친화력을 지녔으므로 얼음을 꺼내서 그 위에 칼륨을 놓으면 마치 화산 활동 같은 작용이 벌어집니다. 이를 보면 환경에 따라 결과가 얼마나 크게 달라지는지 깨닫게 됩니다.

오늘은 여러 가지 물질들에 관한 이해를 넓히기 위한 신기한 실험들을 해보았습니다. 그러나 다음 시간은 우리가 평소에는 이처럼 특이하고 생소한 효과와 마주칠 일이 없다는 사실을 상기시켜드리고자 합니다. 즉 자연계가 우리를 안내하기 위해 만들어 놓은 법칙에 따르기만 한다면 양초를 태울 때뿐만 아니라 길거리에서 가스등을 밝힐 때나 난로에 연료를 땔 때 우리는 안전할 수 있습니다.

제5강

공기 중에 존재하는 산소 - 대기의 성질 - 그 특성 - 양초의 기타 연소 생성물 - 탄산가스 - 그 특성

앞에서 우리는 양초가 연소할 때 생성된 물을 분해하여 수소와 산소를 얻을 수 있다는 사실을 알아봤습니다. 알다시피 수소는 양초에 포함돼 있고 산소는 공기 중에 존재합니다. 이제 여러분은 "양초를 공기 중에서 태울 때와 산소 속에서 태울 때 연소 강도가 다른 까닭은 무엇일까요?"라는 의문이 들 것입니다. 촛불 위에 산소가 든 병을 씌웠을 때 어떻게 됐는지 떠올리면 공기 중에서 연소할 때와 아주 다른 연소 양상을 보였다는 사실을 상기할 수 있을 겁니다. 과연 그 이유는 무엇일까요? 이것은 무척 중요한 의문이며 이제부터 여러분에게 이를 자세히 설명하고자 합니다. 이 문제는 대기의 성질과 아주 밀접한 관계를 맺고 있으며 우리의 생활에도 아주 중요하니까요.

물질의 연소 외에도 산소를 확인하는 검사는 여러 가지입니다. 앞에서 여러분은 산소 속에서나 공기 중에서 연소하는 양초를 봤습니다. 공기 중에서 연소하는 인과 산소 속에서 연소하는 인도 확인했습니다. 산소 속에서 쇠 부스러기를 연소하는 실험도 봤습니다. 하지만 이밖에도 여러 가지 검사가 아직 남아있습니다. 여러분의 이해와 경험을 돕기 위해 그 중에서 한두 가지 검사를 더 소개하겠습니다. 여기 산소가 든 용기가 있습니다. 그리고 이 안에 든 내용물이 산소라는 사실을 이제 증명해 보겠습니다. 이미 여러분은 지난 번 강의에서 배웠으므로 희미한 불꽃을 산소 속에 넣으면 어떻게 될지 잘 알고 있을 겁니다. 이 불꽃을 병 속에 넣으면... 보십시오. 연소 상태로 산소임을 증명했습니다. 다음 검사는 아주 신기하면서도 유용합니다. 여기 두 가지 기체를 채운 병이 있습니다. 둘이 섞이지 않도록 중간에 판을 끼워 뒀습니다. 판을 치우면 기체가 서로 섞이기 시작합니다. 여러분은 "이제 어떤 일이 일어나나요? 두 기체가 섞여도 양초에서 볼 수 있었던 연소 현상은 일어나지 않네요."라고 말할 것입니다. 하지만 산소가 나머지 물질[1]과 결합하면서 자신의 존재를 어떻게 증명하는지 보십시오. 이 실험에서 발생하는 아름다운 색의 기체가 산소가 있음을 증

1 산소의 존재를 확인하는 실험에 사용하는 이 기체는 산화질소다. 산화질소는 무색의 기체로 산소와 접촉하면 산소와 결합해서 이산화질소가 되는데 이 이산화질소가 여기에서 말하는 붉은색 기체다.

명합니다. 일반 공기와 시약용 기체를 혼합해도 마찬가지 현상이 나타납니다. 이 병에는 공기가 들어 있습니다. 양초를 태우는 그냥 평범한 공기입니다. 이 병에는 시약용 기체가 들어 있습니다. 이 두 기체를 물 위에서 혼합할 테니 어떤 결과가 나오는지 잘 보세요. 시약용 기체가 공기가 든 용기 속으로 흘러 들어가고 있습니다. 보다시피 앞에서 했던 실험과 똑같은 결과가 나타납니다. 이는 공기 중에 산소가 있다는 증거입니다. 양초 연소 시 생성된 물에서 얻었던 물질과 똑같은 산소입니다. 그렇다면 양초를 공기 중에서 연소시키면 산소 속에서 연소시킬 때보다 불꽃이 약한 이유는 무엇일까요? 그 이유를 바로 알아보겠습니다. 여기 병이 두 개 있습니다. 각각의 병에 기체가 같은 높이로 들어 있습니다. 그냥 겉보기에는 비슷해서 지금은 어느 병에 산소가 들어 있고 어느 병에 공기가 들어있는지 저도 잘 모르겠네요. 미리 산소와 공기를 채워 두기는 했습니다. 그리고 여기에는 시약용 기체가 있습니다. 이 기체를 두 병에 든 기체와 각각 반응시켜서 붉게 변하는 정도에 차이가 있는지 확인해 볼 겁니다. 시약용 기체를 한쪽 병에 붓고 어떻게 되는지 관찰해 봅시다. 보다시피 붉은색으로 변합니다. 이 병에는 산소가 들어 있네요. 이제 나머지 병에도 시험해 보겠습니다. 첫 번째 병만큼 뚜렷하게 붉은색이 돌지는 않습니다. 그런데 붉은색 기체가 생긴 두 병에 각각 물을 넣고 흔들면 더 신기한 현상이 일어납니다. 물이 붉은 기체를 흡수하여 다시 투명해지는 것이죠. 다시 시약용 기체를 넣고 더 흔들면 더 많이 흡수합니다. 우리는 이런 효과를 나타내는 산소가 완전히 사라질 때까지 이 실험을 계속 반복할 수 있습니다. 이렇게 하다보면 공기와 산소를 붉게 만드는 시약용 기체를 더 넣어도 남아 있는 기체가 더 이상 붉게 변하지 않는 지점에 도달합니다. 즉 이것은 공기 중에 산소 외에 다른 기체가 존재한다는 증거입니다(우리는 기체의 부피에 따라 자동적으로 물이 들어가도록 설계된 실험 도구 덕분에 병 속의 기체가 얼마나 남았는지 확인할 수 있다).

이제 제가 무슨 말을 하려는지 이해했을 것입니다. 우리는 앞서 인을 태울 때, 인과 공기 중의 산소가 결합해 발생한 연기가 응결되고

난 뒤 연소하지 않은 기체가 상당량 남아 있음을 확인했었습니다. 마찬가지로 이 붉은 기체 반응 뒤에는 시약용 기체와 반응하지 않는 기체가 남아 있는 것입니다. 사실 앞에서 인과 반응하지 않은 기체는 바로 이 시약용 기체와 반응하지 않는 기체와 동일합니다. 이렇게 남은 기체는 산소가 아닌, 대기를 구성하는 또 다른 성분입니다.

이는 공기를 두 가지 구성성분으로 구분하는 방법 중 하나입니다. 즉, 한 성분은 양초나 인과 같은 물질이 연소될 때 필요한 산소, 그리고 나머지는 연소를 촉진하지 않는 기체, 바로 질소[1]입니다. 질소는 공기에서 차지하는 비율이 산소에 비해 훨씬 큽니다. 연구해 보면 아주 흥미로운 물질이지만 어쩌면 여러분은 시시하다고 말할지도 모르겠습니다. 사실 질소는 눈부신 연소 현상을 일으키지 않는다는 점에서 다소 시시하기는 합니다. 앞에서 산소와 수소를 대상으로 시험했듯이 질소에 불을 붙인 점화용 심지를 갖다 대면 수소처럼 타오르지도 않고 산소처럼 불씨를 키우지도 않습니다. 다른 어떤 실험을 해봐도 별다른 반응을 일으키지 않죠. 불이 붙지도 않고 연소를 활성화하지도 않으며 오히려 연소하는 물질의 불꽃을 끄는 것이 질소의 특성입니다. 일반적인 상태라면 질소 속에서 연소하는 물질은 없죠. 또한 질소는 냄새도 나지 않고 맛도 없습니다. 물에 녹지도 않습니다. 산성이나 알칼리성을 띠지도 않습니다. 정말이지 우리 감각 기관에 아무런 자극도 주지 않습니다. 어쩌면 "질소는 정말이지 하찮네요. 화학적인 측면에서 전혀 관심을 기울일 가치가 없잖아요. 공기 중에서 질소는 도대체 무슨 역할을 하나요?"라고 말할 사람도 있을 것입니다. 하지만 과학자의 견지에서 보면 자연계에서 질소의 역할은 대단히 의미심장합니다. 대기가 질소와 산소로 이루어져 있는 대신 산소만으로 이루어져 있다고 상상해 봅시다. 어떤 일이 일어날까요? 지

---

1 질소는 무색, 무취의 기체다. 1772년에 러더퍼드(1749-1819)가 발견했다. 라부아지에가 1787년에 이 기체에 '아조트azote(질소를 의미하는 프랑스어—옮긴이)'라는 이름을 붙였다. 또한 질소는 '연소한 유독 기체' 혹은 '오염된 공기'라고 알려져 있었다. 그리스어로 아조트는 '생명이 없는'이라는 뜻이다. 질소는 호흡이나 연소를 돕지 않기 때문에 생명이 없는 기체라고 여겨졌다. 질소를 나타내는 원소 기호인 N은 '초석을 형성하는'이라는 의미를 지닌 라틴어 니트로제니움(nitrogenium)에서 비롯됐다.

난 시간에 철사에 불을 붙여 산소가 든 병에 넣어두었을 때 끝까지 전부 타는 현상을 보셨을 것입니다. 쇠로 만든 난로에 불을 땔 때 대기가 전부 산소라면 난로는 어떻게 될까요? 난로 자체가 석탄보다도 더 활활 타오를 겁니다. 산소 안에서 태우면 석탄보다도 쇠가 더 활발하게 연소되니까요. 대기가 전부 산소라면 기관차 화실(火室)에 불을 붙이는 행위는 연료 창고에 불을 붙이는 행위와 마찬가지일 겁니다. 그러나 실제 세상은 다행히도 질소라는 존재가 연소 속도를 늦추고 유용하게 사용할 수 있도록 조절해 줍니다. 또한 양초가 연소될 때 발생하는 생성물을 운반해 대기 전체에 확산시키고 식물이 자라는 데 필요한 자양분[2]이 되어 인류에게 이로운 역할을 수행하도록 뒷받침하는 역할을 합니다. 질소를 조사하다보면 "정말이지 변변찮은 물질이네요."라고 말할 수도 있지만 사실 아주 훌륭한 임무를 수행하고 있습니다. 평상시에 질소는 비활성 물질입니다. 아주 강력한 전기력 외에는 그 어떤 조치를 취하더라도 질소가 대기 중의 다른 성분이나 주변 원소와 직접 결합하도록 만들기는 불가능합니다. 강한 전기력을 가한다고 하더라도 대단히 소량의 화합물이 발생할 뿐입니다. 질소는 완벽하게 중성을 띠며 따라서 안정적인 물질입니다. 그러나 그 결론을 내리기 전에 대기에 관해 설명해야 할 것 같습니다. 공기를 구성하는 성분을 백분율에 근거하여 나타내면 다음과 같습니다.

	부피	질량
산소	20	22.3
질소	80	77.7
	100	100.0

2 식물 및 일부 박테리아가 이산화탄소를 소비하는 과정을 가리켜 광합성이라고 한다. 광합성에 사용되는 에너지는 녹색 색소인 엽록소가 흡수하는 빛에서 얻는다. 광합성 결과 생성되는 물질은 탄수화물(포도당)이다. 광합성에 필요한 수소는 물에서 얻고 그 부산물로 산소가 배출된다.

이는 대기 중에 존재하는 산소의 양과 질소의 양을 정확하게 분석한 결과입니다. 이 분석에 따르면 대기 5파인트 중 산소가 차지하는 부피는 1파인트이고 나머지 4파인트는 질소가 차지하고 있습니다. 이것이 우리가 대기를 분석한 결과입니다. 연소되고 있는 양초에 적절하게 연료를 공급하고 우리의 폐가 건강하고 안전하게 호흡하려면 다량의 질소로 산소를 희석해야 합니다. 따라서 이 대기 구성 비율은 불이나 양초가 연소되기에 적절할 뿐만 아니라 인간이 호흡하기에도 알맞습니다.

이제 대기의 무게를 살펴봅시다. 먼저 질소와 산소의 질량을 말씀드리겠습니다. 질소 1파인트의 질량은 10.4그레인이고 질소 1세제곱피트의 질량은 1.16온스[1]입니다. 질소 질량은 이 정도입니다. 산소는 질소보다 더 무겁습니다. 산소 1파인트의 질량은 11.9그레인이고 산소 1세제곱피트의 질량은 1.75온스입니다. 그리고 이 둘이 섞인 공기 1파인트의 질량은 10.7그레인이고 공기 1세제곱피트의 질량은 1.2온스입니다.

학생들이 "기체 질량은 어떻게 재나요?"라는 질문을 종종 합니다. 이 질문을 받으면 저는 무척 기쁩니다. 지금부터 보여 드리겠습니다. 기체 질량을 재는 방법은 아주 간단하고 쉽습니다. 여기 저울이 있고 구리로 만든 용기가 있습니다. 이 구리 용기는 필요한 내구성을 해치지 않는 한도 내에서 최대한 가볍게 만들었습니다. 기계로 아주 정교하게 둥근 모양을 내었고 완벽하게 밀폐된 상태이며 윗부분에는 개폐할 수 있는 꼭지가 달려 있습니다(그림 25). 지금은 꼭지를 열어 둔 상태이므로 용기에 공기가 가득 들어갈 수 있습니다. 여기 잘 조정한 저울도 준비했습니다. 현재 상태로 구리 용기를 올리면 반대편에 올린 추 무게와 균형을 이룰 겁니다. 여기 이 펌프를 이용하면 구리 용기 속으로 공기를 밀어 넣을 수 있습니다. 이 펌프 용량을 기준으로 일정한 횟수만큼 공기를 주입하는 것이죠. [펌프를 20회 움직여 공

1 온스는 질량 단위의 일종이다. 트로이 중량(귀금속과 보석에 사용하는 질량 체계)에서 1온스는 12분의 1파운드(약 31.1그램)이고 상형 중량(영국과 미국에서 보석, 귀금속, 의약품 이외의 일용품에 사용하는 질량 체계)에서 1온스는 16분의 1파운드(약 28.35그램)이다.

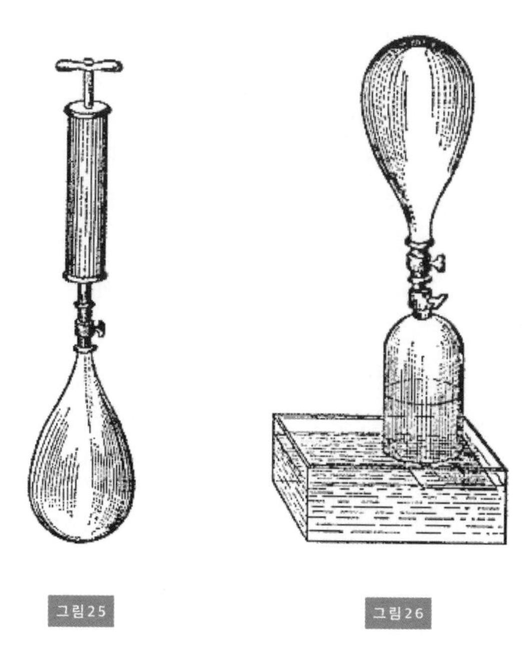

그림25

그림26

기를 주입한다.] 이제 용기의 꼭지를 닫은 다음 저울 위에 올리겠습니다. 용기를 올린 쪽으로 기웁니다. 이전보다 무거워졌다는 뜻입니다. 왜 그럴까요? 용기 속에 펌프로 공기를 밀어 넣었기 때문입니다. 공기 부피가 늘어나지는 않았지만 같은 부피더라도 더 무거워졌습니다. 용기 속에 공기를 억지로 밀어 넣었기 때문입니다. 이렇게 밀어 넣은 공기의 부피가 얼마나 되는지 측정해 봅시다. 여기 물을 채운 병이 있습니다. 구리 용기에 든 공기가 물이 든 병 속으로 들어가도록 해서 구리 용기 속에 든 공기를 처음 상태로 되돌려 보겠습니다. 이 두 용기를 서로 잘 결합한 다음 꼭지를 열면 구리 용기 속에 펌프질 20회로 밀어 넣었던 공기가 물을 채운 병 속으로 들어가는 모습을 볼 수 있습니다(그림 26). 이 과정이 제대로 진행됐는지 확인하기 위해 구리 용기의 질량을 다시 저울로 측정해 보겠습니다. 처음에 저울에 올려 두었던 추와 평형을 이룬다면 실험을 정확하게 실시했다고 확신할 수 있습니다. 보다시피 평형을 이루네요. 이렇게 해서 구리 용기 속에 밀어 넣은 공기의 질량을 알아낼 수 있고 이 방법으로 공기 1세제곱피트의 질량은 1.2온스라는 사실을 확인할 수 있습니다. 그러나 이 실험에서 나타난 숫자는 너무 작아서 여러분께 잘 와닿지 않을 겁니다. 그렇다면 좀 더 많은 부피의 공기로 이야기를 진행해 봅시다. 저 뒤에는 공기의 질량을 측정하기 위해 특별 제작한 상자가 있습니다. 저 상자 안에 든 공기의 질량은 얼마나 될까요? 딱 1파운드입니다. 그리고 저 상자를 기준으로 계산해 본다면 이 강의실 안에 있는 공기의 질량은 1톤이 넘습니다. 여러분의 상상을 뛰어넘는 숫자일 겁니다. 이렇게 공기의 존재감은 엄청납니다. 그것을 구성하고 있는 산소와 질소는 말할 것도 없고요. 우리 주변의 대기는 이런 엄청난 존재감으로 물질들을 이리저리 운반하고, 어떤 곳에서는 해를 끼치는 공기를 이로운 역할을 할 수 있는 다른 곳으로 옮기는 역할을 수행하고 있는 겁니다.

지금까지 공기의 질량에 대해 설명했고 이제 이와 관련된 몇 가지 결과를 보여 드리겠습니다. 이것은 다음에 이야기할 것들을 이해하기 위해 반드시 필요한 내용이므로 주의 깊게 살펴보시기 바랍니다. 여기 조금 전 구리 병에 공기를 주입할 때 썼던 펌프와 비슷하지만 손바닥으로 덮을 수 있는 원통을 추가한 펌프가 있습니다. 공기 중에서 손을 움직여 보면 아주 자유롭게 이동하므로 마치 아무것도 없는 듯 느껴집니다. 대기 중에서 손을 어떻게 움직인다고 한들 공기의 저항을 강하게 느낄 만큼 빠른 속도를 낼 수는 없으니까요. 하지만 손을 여기[배기구 역할을 하는 원통 위에 손을 올린다(그림 27).]에 대고 펌프질을 몇 번 했을 때 어떻게 되는지 보십시오. 왜 제 손이 여기에 달라붙을까요? 왜 펌프가 끌려올까요? 보십시오! 어째서 손을 도저히 뗄 수 없을까요? 과연 그 이유가 무엇일까요? 이는 공기의 질량, 위쪽에 있는 공기의 질량 때문입니다. 이 현상을 좀 더 자세히 설명하기 위해 실험을 한 가지 더 실시해 보겠습니다. 유리관 위에 풍선을 팽팽하게 씌운 뒤 아래쪽에서 펌프로 공기를 빼내면 형태가 변하는 모습을 볼 수 있습니다. 지금은 윗면이 평평한 상태입니다만 이렇게 펌프를 아주 조금만 작동시켜도 평평했던 윗면이 아래로 꺼져서 휘어 들어가죠. 계속해서 공기를 빼내면 풍선은 점점 더 아래로 꺼지다가 결국에는 위에서 대기가 누르는 힘에 찢기게 될 것입니다. [풍선이 시끄

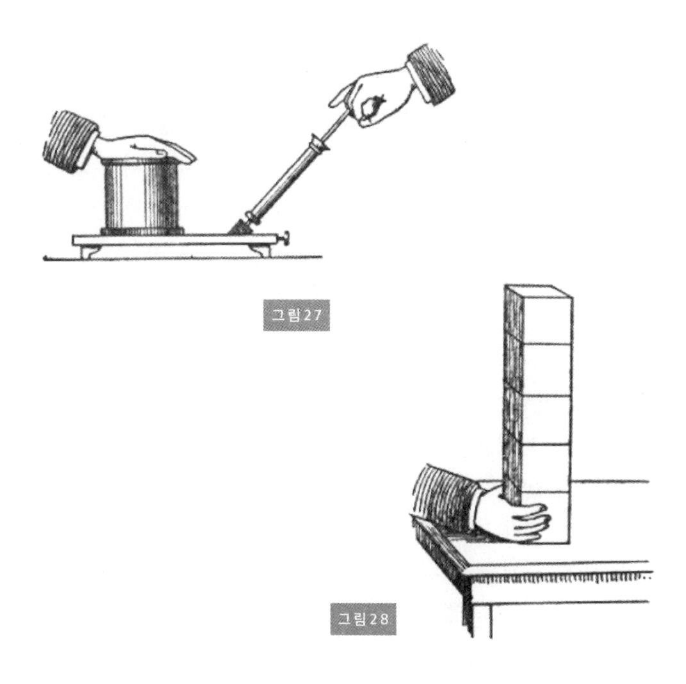

그림27

그림28

러운 폭발음을 내며 찢어진다.] 풍선이 찢어진 이유는 위에서 공기의 무게가 누르는 압력이 작용했기 때문이며 여러분도 그 원리를 쉽게 이해할 수 있을 겁니다. 대기 중에 있는 공기 입자는 여기 보이는 정육면체 다섯 개처럼 차곡차곡 쌓여 있습니다(그림 28). 정육면체 다섯 개 중 네 개는 가장 아래에 깔린 한 개에 의지하고 있으므로 그 한 개를 빼면 나머지 모두가 가라앉습니다. 대기도 마찬가지입니다. 아래쪽 공기가 위쪽 공기를 받치고 있죠. 그래서 아래쪽 공기를 펌프로 제거하면 손을 댔을 때 손이 떨어지지 않는 현상과 풍선이 찢어지는 현상이 발생하는 것이죠. 여기 이 병에는 고무막을 씌워 뒀습니다. 지금부터 병 내부의 공기를 빼내겠습니다. 아래쪽 공기와 위쪽 공기를 나누는 칸막이 역할을 하던 고무막을 관찰해 보세요. 병 속에 손을 집어 넣을 수 있을 정도로 고무막이 아래로 당겨졌습니다. 이 역시 위쪽 공기가 강하게 누르는 압력이 작용한 결과죠. 이런 현상은 자꾸 보아도 신기하기만 하네요.

여기 있는 장치는 오늘 강의가 끝나면 여러분이 직접 당겨 보셔도 됩니다. 이는 놋쇠로 만든 속이 빈 반구 두 개를 끼워 맞춘 다음 여기에 관과 꼭지를 연결해서 내부 공기를 빼낼 수 있도록 만든 장치입니다. 내부에 공기가 들어 있을 때는 반구 두 개를 쉽게 떼어낼 수 있지만 내부 공기를 빼내면 여러분 중 두 명이 힘을 합쳐서 잡아 당겨도 반구를 떼어낼 수 없습니다. 공기를 빼냈을 때 구 표면 1제곱인치(약 6.45제곱센티미터) 당 약 15파운드(약 6.8킬로그램)의 압력이 작용합니다. 그 정도의 대기압을 이길 수 있는지 여러분은 곧 자기 힘을 시험해 볼 수 있습니다.

여기 흥미로운 물건을 한 가지 더 준비했습니다. 바로 유아용 젖꼭지를 과학 실험용으로 개량한 것입니다. 요즘은 실험을 놀이처럼 바꾸는 경우도 많으므로 장난감을 과학 도구로 활용해도 좋다고 생각합니다. 이 유아용 젖꼭지는 천연 고무로 만들었습니다. 이 고무 젖꼭지를 탁자 위에 놓고 누르면 즉시 탁자 표면에 달라붙습니다. 왜 달라붙을까요? 탁자 위에서 미끄러지듯 움직일 수는 있지만 떼어 내려고 하면 마치 탁자까지 들릴 기세로 떨어지지 않습니다. 결국 탁자 위에서 이리저리 움직이다가 가장자리로 가져가야 떼어낼 수 있습니다. 역시 대기가 위에서 누르는 압력 때문이죠. 여기 고무 젖꼭지가 하나 더 있습니다. 이 둘을 서로 맞대어 누르면 아주 단단히 달라붙습니다. 고무젖꼭지를 창문이나 벽에 붙여 놓으면 한동안 붙어 있으므로 물건을 거는 용도로 사용할 수 있을 정도입니다. 지금부터는 여러분이 집에서 직접 해 볼 수 있는 실험을 보여 드리겠습니다. 대기의 압력을 보여주는 아주 좋은 실험입니다. 여기 물이 든 컵이 있습니다. 물이 쏟아지지 않도록 이 컵을 뒤집을 수 있을까요? 손으로 막아서는 안 되고 대기 압력만을 이용해야 합니다. 이 빳빳한 종이를 컵 위에 얹고 뒤집어 보죠. 종이와 물이 어떻게 되는지 관찰해 보세요. 잔 둘레에 작용하는 모세관 인력이 컵 속으로 공기가 들어가는 것을 막고 있습니다. 따라서 종이에 대기압의 압력이 작용하면서 물이 쏟아지지 않는 겁니다.

이 같은 실험들을 통해 여러분이 공기의 특성을 올바르게 이해할 수 있었기를 바랍니다. 앞에서 보여 드린 상자에 든 공기가 1파운드, 그리고 이 강의실을 채운 공기가 1톤에 달한다는 말을 들었을 때 여러분은 공기가 상당히 만만치 않다고 생각하기 시작했을 겁니다. 이 같은 공기의 저항력을 확실히 보여 드리기 위해 실험을 한 가지 더 실시하겠습니다. 여기 보이는 장난감총은 깃대와 같이 속이 빈 관이 있으면 쉽고 간단하게 만들 수 있습니다. 얇게 썬 감자나 사과에 속이 빈 관을 찍어서 관에 꼭 맞는 조각을 만든 다음, 관의 한쪽 끝을 막습니다. 다시 한 조각을 더 찍어서 반대편도 막습니다. 관 속에 든 공기는 완벽하게 밀폐됩니다. 따라서 아무리 애를 써도 두 조각을 관 속에서 만나게 할 수는 없습니다. 손으로 내부 공기를 어느 정도까지 누를 수는 있지만 계속해서 압력을 가하면 두 조각이 만나기 전에 압축된 내부 공기가 마치 화약처럼 작용하여 조각 하나를 밖으로 튕겨냅니다. 마치 총알처럼 말이죠.

얼마 전에 저는 지금 우리가 논의하고 있는 내용을 뒷받침할 새로운 실험을 발견하고 무척 기뻤습니다. 이 실험에 성공하려면 폐의 힘을 빌려야 하므로 실험을 시작하기 전 4~5분 정도는 입을 다물고 있어야 합니다. 바로 호흡의 힘으로 달걀을 이쪽 컵에서 저쪽 컵으로 옮겨 보려고 합니다. 제가 실패한다면 그럴 만한 이유가 있을 겁니다. 이 실험을 성공하기에는 지금까지 제가 말을 너무 많이 했거든요.

[이 시점에서 강연자가 달걀에 강한 입김을 불어서 한쪽 컵에서 다른 컵으로 옮기는 데 성공한다.]

보다시피 제가 불어 넣은 공기가 달걀과 컵 사이로 들어가서 달걀 아래쪽에서 강한 바람을 일으켰기 때문에 공기로 들어올리기에는 아주 무거운 물체에 해당하는 달걀을 들어 올릴 수 있었습니다. 여러분이 이 실험을 해 보고 싶다면 먼저 달걀을 삶아 두는 편이 현명합니다. 그렇게 하면 크게 주의를 기울이지 않고도 안전하게 실험을 실시할 수 있을 겁니다.

공기의 질량에 관해서는 충분히 다뤘으니 이제 다른 성질을 다뤄 보겠습니다. 장난감총 실험에서 뒤쪽 감자 조각을 1센티미터 가량 밀었을 때에는 앞쪽 감자 조각이 움직이지 않았습니다. 이는 앞에서 펌프로 구리 용기에 공기를 밀어 넣었던 실험에서도 알 수 있었듯이 공기가 탄성을 지니고 있기 때문에 가능한 현상입니다. 탄성이라는 이 특이한 공기의 속성을 지금부터 여러분에게 설명해 보려고 합니다. 여기 공기를 확실히 가둘 수 있고, 줄어들거나 늘어나서 공기의 탄성을 가늠할 수 있는 풍선이 있습니다. 이 풍선에 어느 정도 공기를 넣은 다음 종 모양의 유리 용기에 넣고 용기 안의 공기를 빼내면 외부 압력이 감소하면서 풍선이 점점 부풀고 결국 유리 용기에 가득 차게 됩니다. 반면 유리 용기에 공기를 다시 주입하면 원래의 크기로 돌아가죠. 이런 현상에서 우리는 공기가 대단히 큰 탄성, 압축성, 팽창성을 지니고 있다는 사실을 알 수 있습니다. 이 같은 공기의 속성은 공기가 자연계에서 담당하는 역할을 수행하는 데 있어 매우 중요한 요소입니다.

이제 우리가 계속 다루어야 할 아주 중요한 주제로 돌아가 보겠습니다. 앞서 우리는 양초의 연소 상태를 관찰하면서 여러 가지 생성물이 발생한다는 사실을 발견했습니다. 그을음과 물, 그리고 그 외에 아직 확인하지 못한 생성물들 말이죠. 이전 실험들에서는 물은 모아 봤으므로 이제는 공기 중으로 날아 간 다른 생성물들에 대해서 조사해 봅시다.

이 문제와 관련해 준비한 실험은 다음과 같습니다. 먼저 불을 붙인 양초 위에 유리로 된 연통을 씌우겠습니다. 이 연통은 위아래로 공기 통로가 확보되어 있으므로 양초는 계속 연소될 것입니다(그림 29). 다들 알겠지만 가장 먼저 습기가 맺힙니다. 양초를 구성하는 성분인 수소와 공기가 작용해서 물이 발생하는 것이죠. 그러나 물 말고도 위쪽으로 피어오르는 물질이 있습니다. 수증기는 아닙니다. 즉, 물이 아니므로 응결하지도 않습니다. 그리고 아주 특이한 성질을 지니고 있습니다. 연통 윗부분으로 흘러나오는 이 기체에 지금 제가 들고 있는 불꽃을 갖다 대면 거의 꺼질 듯한 상태가 됩니다. 그리고 불꽃을 이 기체의 기류에 들이밀면 아예 꺼져 버리죠. 여러분은 이제 당연한 현상이라고 생각하고 있을 겁니다. 질소는 연소를 돕지 않고 양

그림29

초는 질소 속에서 연소되지 않으므로 당연히 불꽃이 꺼진다고 말이죠. 하지만 과연 여기에 질소만 있을까요? 이런 의문을 확인할 수단을 지금부터 알려드리겠습니다. 여기 빈 병이 있습니다. 이 병을 연통 위에 연결하여 지금 흘러나오고 있는 기체를 가득 모아 보겠습니다.

기체가 모아지는 동안 이쪽에서는 석회수를 만들어 봅시다. 생석회 약간에 물을 부어 잠시 저은 다음 여과지를 끼운 깔때기에 붓습니다. 그러면 아래쪽 병에 맑은 물이 떨어집니다. 시간이 걸리므로 미리 다른 병에 이런 석회수를 충분히 준비해 두었습니다만, 실험을 좀 더 생생하게 진행하기 위해 지금 여러분이 보는 앞에서 만든 이 석회수를 사용하도록 하겠습니다. 이렇게 맑은 석회수를 이제 가득 기체가 모아진 이 병에 부어 보는 겁니다. 물이 뿌옇게 흐려지는 모습이 보이죠[1]? 자세히 살펴보세요. 이런 현상은 일반 공기에 석회수를 부었을 때는 발생하지 않습니다. 즉 석회수는 공기 속에 포함된 산소나 질소, 그리고 그 밖의 어떤 물질에도 변하지 않고 여전히 투명한 상태를 유지하죠. 하지만 이 병 속의 석회수를 양초가 연소할 때 발생하는 물질과 접촉시키면 이렇게 금방 뿌옇게 흐려집니다. 우리가 석회수를 만

1 석회수는 수산화칼슘($Ca(OH)_2$)을 함유하고 있으며 생석회(CaO)에 물을 섞어서 만든다. 이산화탄소는 수산화칼슘과 반응해서 탄산칼슘을 생성한다.

들 때 사용했던 석회가 지금 우리가 살펴보고자 하는 양초 연소 생성물과 결합해 눈에 보이는 하얀 가루가 된 겁니다. 앞서 말씀드렸듯이 산소나 질소, 혹은 물 그 자체와는 상관 없는 일입니다. 이것은 양초의 연소 생성물에 우리가 아직 정체를 모르는 새로운 물질이 있다는 증거입니다. 석회수와 양초 생성물을 섞었을 때 나타난 이 하얀 가루는 백악(白堊, 흰색의 무른 석회암으로 분필로도 쓰인다—옮긴이)과 아주 비슷해 보입니다. 검사해 보면 성분 또한 백악과 똑같습니다. 이 가루를 약간 적셔서 증류기에 넣고 가열해 보면 이 실험을 다양한 측면에서 관찰할 수 있고 하얀 가루가 발생하는 원인을 밝힐 수 있는 한편, 양초 연소 생성물의 성질을 자세히 알 수 있습니다. 지금 이 증류기에서 발생하는 물질은 양초가 연소될 때 발생하는 물질과 정확히 일치합니다. 사실 이 미지의 물질의 일반적 성질을 알아내기 위해 대량으로 얻고자 한다면 더 좋은 방법이 있습니다. 이 물질은 여러분이 생각지도 못했던 곳에서 아주 풍부하게 얻을 수 있죠. 석회석은 양초가 연소될 때 발생하는 이 물질을 다량으로 함유하고 있으며 그 정체는 바로 탄산가스[1]입니다. 백악, 조개껍질, 산호는 모두 이 흥미로운 기체를 다량으로 함유하고 있습니다. 탄산가스는 여기 보이는 암석들에도 고정되어 있으며 대리석과 백악 같은 고체에서 발견된다고 해서 블랙 박사는 탄산가스를 가리켜 '고정 기체(fixed air)'라고 불렀습니다. 탄산가스가 기체의 성질을 잃고 고체 상태를 띤다는 이유로 그런 명칭을 쓴 것이죠. 이 병에는 염산이 조금 들어 있는데 일단 불을 붙인 점화용 심지를 병 안에 넣어서 이 병 내부에는 일반 공기 외에 다른 기체는 없다는 것을 확인시켜 드리겠습니다. 그리고 여기 이 물질은 대리석[2]입니다. 무척 아름다운 고급 석재이죠. 바로 이 대리석이 우리에게 다량의 탄산가스를 만들어 줄 겁니다. 이 대리석 조각을 염산이 든 병에 넣으면 엄청난 기세로 기포가 발생합니다. 그러나 이

1 이산화탄소를 가리킨다. 이산화탄소는 무수탄산이라고도 부른다(이 책의 원서에는 그냥 carbonic acid, 즉 '탄산'으로만 표기되어 오해의 소지가 있다. 탄산은 이산화탄소가 물에 녹아 생기는 산성 물질로 수용액 상태로만 존재한다.)

2 대리석은 탄산가스와 석회석으로 이뤄진 화합물이다. 대리석에 염산을 넣으면 성질이 강한 염산이 탄산가스 자리를 대신한다. 탄산가스는 기체 상태로 빠져나가며 나머지가 염화칼슘을 생성한다.

는 수증기가 아닙니다. 지금 피어오르고 있는 이 기체에 촛불을 갖다 대면 조금 전 연소 중인 양초 위에 연통을 씌워서 피어오르는 기체에 불꽃을 갖다 댔을 때와 똑같은 일이 발생합니다. 이 두 작용은 서로 동일하며 양초가 연소될 때 발생하는 바로 그 물질이 지금 피어오르고 있는 겁니다. 이 실험으로 우리는 탄산가스를 다량으로 얻을 수 있습니다. 이미 병이 거의 가득 찼습니다. 그런데 대리석에서만 이 기체를 얻을 수 있는 것은 아닙니다. 이 용기에는 일반적인 회반죽이 들어 있습니다. 이것을 물로 세척해서 굵은 입자를 제거하면 미장쟁이가 건물 벽에 바르는 바로 그 재료가 됩니다. 여기 큰 병에는 회반죽과 물을 섞어 놓았습니다. 이쪽에는 진한 황산도 준비되어 있고요. 이 실험을 하려면 아무래도 황산이 더 낫습니다. 석회석을 황산에 반응시키면 불용성 물질이 생성되는 반면 염산을 사용하면 가용성 물질이 생성되거든요. 즉, 염산을 쓰면 생성물이 물에 녹아버려 결과를 눈으로 확인할 수 없습니다. 이쯤되면 여러분은 제가 이 실험에 이런 큰 기구들을 선택한 이유가 궁금하실 겁니다. 그 이유는 제가 대규모로 실시한 실험을 여러분은 소규모로도 시도할 수 있다는 것을 느끼게 해주고 싶기 때문입니다. 소규모로 했을 때에도 결과는 마찬가지일 겁니다. 이 큰 병에서 생성되고 있는 탄산가스는 대기 중에서 양초가 연소될 때 발생하는 기체와 똑같은 성질 및 특성을 지니고 있습니다. 탄산가스 생성에 사용한 이 두 가지 방법은 판이하지만 마지막에 얻는 생성물은 어떤 방법을 사용하든 동일한 것이죠.

지금부터는 이 기체와 관련된 다음 실험으로 넘어가겠습니다. 이 기체는 어떤 성질을 지니고 있을까요? 여기 탄산가스를 가득 채운 용기가 있습니다. 앞에서 다른 기체에도 적용했듯이 이 기체가 연소에 어떻게 반응하는지 살펴보겠습니다. 보다시피 탄산가스는 연소되지 않으며 연소를 돕지도 않습니다. 또한 물 위에서 쉽게 모을 수 있었던 점을 감안할 때 물에 잘 녹지 않는다는 사실도 알 수 있습니다. 앞에서 봤듯이 탄산가스는 석회수와 접촉하면 뿌옇게 흐려집니다. 그렇게 석회수가 뿌옇게 되면 탄산가스는 탄산칼슘, 즉 석회석을 구성하는 성분으로 바뀝니다.

다음으로는 여러분에게 사실 탄산가스가 물에 약간은 녹는다는 사실을 보여드리겠습니다. 이 점에서 탄산가스는 산소 및 수소와는 다릅니다. 여기 있는 이 장치의 아랫부분에는 석회석과 산, 윗부분에는 냉수가 들어 있습니다. 밸브가 달려 있어서 탄산가스의 이동을 조절할 수도 있죠. 이 장치를 작동시키면 아래에서 발생되는 탄산가스가 거품을 일으키며 물을 통과하는 모습을 볼 수 있습니다. 지난 밤 내내 장치를 작동시켜 놓았으므로 지금쯤이면 탄산가스가 물에 녹았는지 여부를 확인할 수 있을 겁니다. 이 물을 컵에 따라서 아주 조금만 맛을 보면 약간 신맛이 느껴집니다. 물에 탄산가스가 녹아 있기 때문이죠. 또한 여기에 석회수를 조금 섞으면 탄산가스 존재 여부를 더욱 확실히 알 수 있습니다. 석회수가 우윳빛으로 변하네요. 이는 탄산가스가 녹아 있다는 증거입니다.

한편, 탄산가스는 아주 무거운 기체입니다. 공기보다 더 무겁죠. 비교를 위해 지금까지 살펴본 다른 기체의 질량과 함께 탄산의 질량을 표로 정리했습니다.

	파인트	세제곱피트
수소	0.75(그레인)	0.08(온스)
산소	11.9	1.3
질소	10.4	1.16
공기	10.7	1.2
탄산가스	16.3	1.9

탄산가스 1파인트의 질량은 16.3그레인, 1세제곱피트의 무게는 1.9온스로 거의 2온스에 달합니다. 탄산가스가 무거운 기체라는 사실은 여러 실험으로 증명할 수 있습니다. 여기에 공기만 들어 있는 유리컵이 있습니다. 그리고 다른 용기에는 탄산가스가 들어 있습니다. 이 탄산가스를 공기가 들어 있는 유리컵에 부어보겠습니다. 제대로 들어갔는지 궁금하네요. 겉만 봐서는 알 수 없지만 이 방법[촛불을 컵

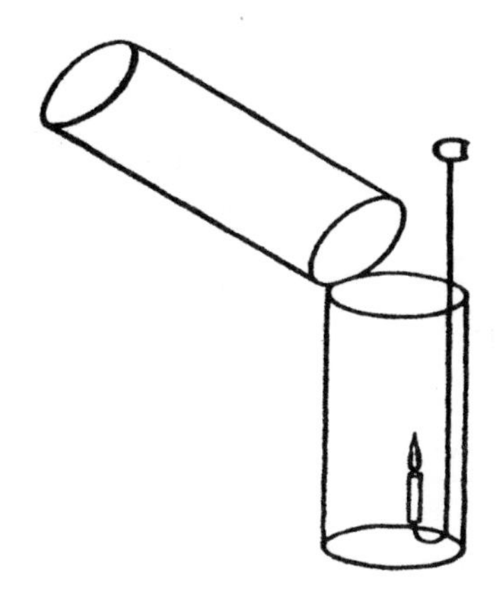

그림30

에 넣는다]을 사용할 수 있습니다(그림 30). 불이 꺼지는 것으로 보아 탄산가스가 들어 있네요. 석회수를 사용하는 실험 방법도 있습니다. 여기 이 작은 양동이를 탄산가스가 들어 있는 큰 통에 넣겠습니다. 실제로도 우리 주변에는 이 통처럼 탄산가스가 고인 웅덩이가 흔히 있습니다. 폐우물 같은 곳 말이죠. 큰 통에 탄산가스가 있었다면 지금쯤이면 양동이에도 담겼을 겁니다. 양동이 안에 탄산가스가 들어 있는지 촛불로 확인해 보겠습니다. 보다시피 양동이에 다가간 순간 촛불이 꺼졌죠. 탄산가스가 가득 들어 있다는 증거입니다.

탄산가스가 무겁다는 사실을 증명할 수 있는 실험을 한 가지 더 해 보겠습니다. 양팔저울 한쪽에는 병을 올리고 반대쪽에는 추를 올려 균형을 잡아 놓았습니다. 현재 공기가 담겨 있는 병에 탄산가스를 부으면 보다시피 즉시 병이 있는 쪽으로 저울이 기웁니다(그림 31). 또한 불을 붙인 심지를 병에 넣어보면 꺼지는 모습을 볼 수 있습니다. 이런 식이면 공기를 채운 비눗방울을 만들어서 탄산가스가 든 병에 넣으면 비눗방울은 분명히 뜰 겁니다. 우선은 공기가 들어 있는 작은 풍선으로 실험해 보죠. 이 병의 어느 선까지 탄산가스가 들어 있는지 지금은 알 수 없지만 풍선을 넣어보면 어디쯤인지 알 수 있을 겁니

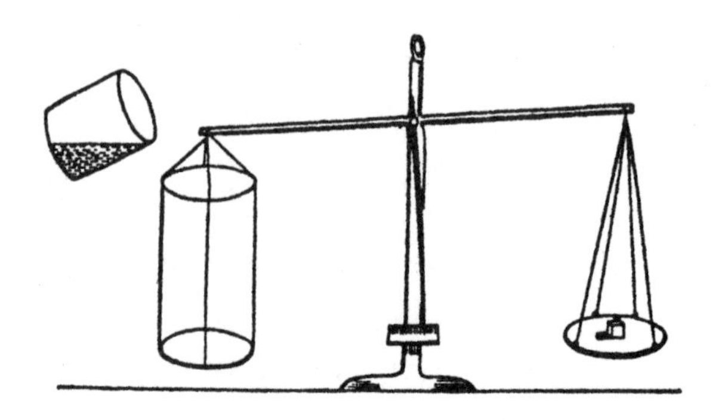

그림31

다. 보다시피 풍선이 탄산가스 위에 떠 있습니다. 병에 탄산가스를 더 부으면 풍선이 더 높이 올라가겠죠? 이제 탄산가스가 병에 거의 가득 찼습니다. 풍선의 위치가 그것을 말해주고 있네요. 이제 비눗방울을 불어서 탄산가스 위에 띄울 수 있는지 실험해 보겠습니다. [강연자가 입으로 비눗방울을 불어 탄산가스가 든 병에 넣자 중간에 뜬다.] 풍선이 떴듯이 비눗방울도 떴습니다. 이는 탄산가스가 공기보다 무겁기 때문입니다. 지금까지 탄산가스의 생성, 양초 연소 시 탄산가스가 발생한다는 사실, 그리고 그 물리적 성질 및 질량을 알아봤습니다. 다음 시간에는 탄산가스가 무엇으로 구성되며 그 원소를 어디에서 얻는지 살펴보겠습니다.

제6강

탄소 혹은 숯 - 석탄가스
- 호흡과 양초 연소의 유사점 - 결론

이 강연에 참석한 어떤 부인이 여기 보이는 양초 두 자루를 선물로 주셨습니다. 이 양초는 일본에서 만든 제품으로 추측건대 앞선 강의에서 언급했었던 원료로 만든 것 같습니다. 프랑스 양초보다도 훨씬 더 호화로운 외양으로 볼 때 상당한 고급품 같네요. 이 양초에는 아주 특이한 점이 있습니다. 심지 속이 비어 있죠. 아르강이 고안한 획기적인 등 또한 이런 특징을 가지고 있습니다. 혹시 저처럼 동양에서 장기간 배를 타고 건너온 이런 선물을 받은 사람이 있다면 한 가지 알려 드리고 싶습니다. 이런 물건은 시간이 흐를수록 표면이 흐릿하고 칙칙해집니다. 하지만 깨끗한 천이나 비단 손수건으로 닦아주면 광이 나면서 내면 원래의 아름다움을 쉽게 되찾을 수 있습니다. 갓 만들었을 때의 색이 복원되는 것이죠. 여기 양초 두 자루 중 하나는 미리 닦았습니다. 닦지 않은 양초와 사뭇 달라보이죠? 나머지 양초도 잘 닦으면 원래 모습을 되찾을 수 있을 겁니다. 또한 보다시피 일본산 주형 양초는 영국산 주형 양초보다 더 뾰족한 원뿔 모양입니다.

지난 시간에는 탄산가스에 대해 자세히 살펴봤습니다. 양초나 등이 연소될 때 나오는 기체를 병에 모아서 석회수와 접촉하는 석회수 검사도 실시했습니다. 또한 석회수를 만드는 방법을 알려 드렸으니 여러분도 직접 실험을 해볼 수 있을 겁니다. 석회수에 탄산가스가 닿으면 뿌옇게 흐려집니다. 이 침전물은 조개와 산호를 비롯해 지구상의 여러 암석 및 광물과 마찬가지로 석회질입니다. 하지만 지난 시간에 탄산가스의 특유한 화학적 성질까지는 충분하게 다루지 못했으므로 다시 이 주제를 살펴보고자 합니다. 우리는 양초가 연소될 때 발생하는 생성물을 관찰하고 그 성질을 연구했습니다. 그 중 물을 구성하는 성분은 앞에서 이미 밝혔고 지금부터는 몇 가지 실험을 통해 탄산가스를 구성하는 성분을 조사해 보겠습니다. 양초는 연소 상태가 나쁘면 그을음이 발생하지만 연소 상태가 양호하면 그을음이 발생하지 않습니다. 그러나 멀쩡하게 타는 촛불도 이따금 타닥거리는 소리를 내며 반짝이는 건 바로 이 그을음 때문입니다. 그을음 입자가 빛을 내면서 타버리는 현상이죠. 이때 타는 것은 탄소 입자임에 틀림없지만 우리 눈에는 보이지 않습니다. 여기 아주 잘 타는 연료에 불을 붙여 보겠습니다. 바로 테레빈유에 적신 스펀지로 지금 우리가 하려는 실험의 목적에 적합할 겁니다. 연기가 대량으로 피어오르면서 공중으로 날아가고 있습니다. 양초가 연소될 때 발생하는 탄산가스는 이런 연기에서 생깁니다. 이를 밝히기 위해 이 타고 있는 스펀지를 산소를 채운 플라스크에 넣겠습니다. 보다시피 이렇게 하면 연기가 전부 사라집니다. 그렇다면 이제 우리가 해야 할 다음 단계는 뭘까요? 저는 이번 실험을 아주 단순하게 구성했습니다. 여러분이 주의만 기울인다면 절대 추론의 맥락을 잃지 않도록 말이죠. 탄소를 산소나 공기 중에서 연소시키면 탄산가스가 발생합니다. 그러나 불완전 연소될 경우에는 알갱이 형태의 탄소가 되어 공기 중으로 배출되죠. 즉 그을음 말입니다. 산소가 충분하면 이 그을음은 불꽃에 타며 반짝거리지만 산소가 부족하면 엄청난 양이 뭉게뭉게 피어오르게 됩니다.

지금부터는 탄소와 산소가 결합해서 탄산가스를 형성하는 과정을 좀 더 명확하게 설명하겠습니다. 이제 여러분도 예전보다 한층 더 쉽게 이를 이해할 수 있을 겁니다. 알기 쉽게 설명하기 위해 서너 가지 실험을 준비했습니다. 이 병에는 산소가 가득 차 있습니다. 이 도가니에서는 탄소를 빨갛게 달구고 있습니다. 산소가 든 이 병은 건조한 상태를 유지하고 있고요. 이렇게 단순한 준비물로는 결과가 다소 불완전할 가능성이 있지만 실험 결과를 쉽게 알 수 있도록 이 방식을 고수했습니다. 이제 산소와 탄소를 섞어 보겠습니다. 탄소(분쇄한 일반 숯)가 공기 중에서 연소되는 모습을 관찰해 보십시오. [빨갛게 달아오른 숯을 도가니에서 꺼낸다.] 이제 탄소가 산소 속에서 연소되는 모습을 보면서 차이를 살펴보겠습니다. 멀리서 보면 마치 하나의 불길이 치솟는 듯이 보일 수도 있지만 실제로는 그렇지 않습니다. 하나의 불꽃이 아니라 입자 하나하나가 불티가 되어 반짝이고 있는 겁니다.

이번에는 작은 탄소 조각 여러 개를 태우는 대신 비교적 큰 덩어리를 태워 보겠습니다. 이렇게 하면 형태와 크기를 잘 관찰할 수 있고 그 결과를 아주 명확하게 밝힐 수 있습니다. 여기 산소가 든 병이 있고 숯 덩어리가 있습니다. 숯 덩어리에 작은 나뭇조각을 붙여 놓은 이유는 먼저 여기에 불을 붙여서 숯에 옮겨 붙게 하기 위함입니다. 나뭇조각이 없이 숯에 불을 붙이는 것은 만만치 않은 일입니다. 이제 숯이 연소되는 모습을 볼 수 있지만 불꽃은 보이지 않습니다. 불꽃이 보인다고 해도 아주 작디작은 파란 불꽃일 뿐입니다. 이는 숯 표면에서 발생하는 소량의 일산화탄소에 의한 현상입니다. 숯이 계속 연소되면서 탄소, 즉 숯(탄소와 숯은 같은 말입니다)이 산소와 결합해 천천히 탄산가스가 발생합니다. 여기 있는 숯 덩어리는 나무껍질로 만든 숯으로, 연소되면서 폭발하듯이 산산조각 나는 성질을 지니고 있습니다. 열이 작용하면서 탄소 덩어리가 입자로 바뀌며 공중으로 흩어집니다. 이 경우에도 각각의 입자가 전체 덩어리와 마찬가지로 특유의 방식대로 연소됩니다. 즉 불꽃을 일으키지 않고 끝까지 숯의 특성대로 타는 거죠. 이는 탄소가 불티를 날리며 연소된다는 사실을 보여주는 가장 정교한 실험입니다.

여기 있는 탄산가스는 탄소와 산소의 결합으로 생성되었습니다. 이 기체가 탄산가스라는 것은 앞서 보신 것처럼 석회수 검사로 간단하게 증명할 수 있습니다. 탄소(촛불에서 나왔든 숯가루에서 나왔든 상관없다)와 산소를 질량비 6대16으로 화합하면 탄산가스가 22만큼 발생합니다. 앞에서 살펴봤듯이 탄산가스 22와 석회 28이 결합하면 보통의 탄산칼슘이 발생합니다. 굴 껍질을 조사해서 성분 질량을 재면 굴 껍질 50당 탄소 6, 산소 16, 석회 28이 검출됩니다. 그러나 이렇게 상세한 사항까지 알 필요는 없습니다. 지금은 전반적인 내용만 파악하면 됩니다. 탄소가 얼마나 미세하게 사라지는지 보십시오. [산소 병 속에서 조용하게 연소되고 있는 탄소 덩어리를 가리킨다.] 사실상 탄소가 주변 기체에 녹고 있는 듯 보입니다. 순수한 숯이라면 전혀 잔여물이 남지 않을 겁니다. 더 나아가 완벽하게 세정한 순수한 탄소라면 재조차 남지 않습니다. 탄소는 밀도 높은 고체이므로 열 자체로는 탄소의 고체 상태를 변화시킬 수 없습니다. 그리고 한 번 연소되면 응결되어 액체가 되지도 않고, 고체로 되돌릴 수도 없는 기체 상태를 유지하죠. 한층 더 흥미로운 점은 탄소가 산소에 녹아들어도 산소의 부피가 변하지 않는다는 사실입니다. 처음에나 끝에나 부피는 동일하고 단지 산소가 탄산가스로 바뀔 뿐입니다.

여러분이 탄산가스의 일반적인 성질을 충분히 이해할 수 있도록 실험을 하나 더 해 보겠습니다. 탄산가스는 탄소와 산소로 구성된 화합물이므로 탄소와 산소로 분해할 수 있어야 합니다. 우리도 그렇게 할 수 있습니다. 물을 분해할 수 있었듯이 탄산가스도 두 가지 원소로 분해할 수 있는 것이죠. 가장 간단하고 빠른 방법은 산소를 끌어모으는 물질을 탄산가스에 작용시켜 탄소를 남기는 것입니다. 여러분도 기억하겠지만 앞서 우리는 실험을 통해 칼륨이 물이나 얼음과 접촉하면 산소를 끌어가면서 수소가 발생되는 것을 살펴봤습니다. 탄산가스에도 비슷한 원리를 적용한다고 생각해 보십시오. 탄산가스가 무거운 기체라는 사실은 이미 배웠습니다. 이번에는 석회수로 탄산가스의 존재 여부를 밝히는 과정을 거치지 않겠습니다. 어떤 기체가 무거운 특성과 불꽃을 꺼트리는 성질을 지녔다는 사실만으로도 충분히 탄산가스의 존재 여부를 증명할 수 있을 겁니다. 불꽃을 여기 보이는 이 기체에 넣을 테니 불이 꺼지는지 지켜보십시오. 보다시피 불이 꺼졌습니다. 아마 이 기체는 상당히 잘 연소하는 원소인 인도 꺼트릴 것 같습니다. 여기 높은 온도로 가열한 인이 있습니다. 연소되고 있는 인을 탄산가스 속에 넣으면 불꽃이 사그라집니다. 하지만 다시 공기 중으로 꺼내면 다시 불길이 되살아나죠. 다시 연소 상태에 돌입하기 때문입니다. 이번에는 칼륨을 사용하겠습니다. 칼륨은 상온에서도 탄산가스와 반응하는 물질이지만 금방 표면에 보호막이 생기므로 지금 우리의 목적에는 충분하지 않습니다. 그러나 앞에서 실험한 인의 경우처럼 칼륨을 공기 중에서 발화점까지 가열하면 심지어 탄산가스 속에서도 연소시킬 수 있습니다. 칼륨은 연소되면서 산소와 결합하며 이후에 무엇이 남을지는 곧 확인할 수 있습니다. 산소가 탄산가스를 구성하는 성분 중 하나임을 증명하기 위해 칼륨을 탄산가스 속에서 연소시켜 보겠습니다. [미리 칼륨을 가열하는 단계에서 칼륨이 폭발한다.] 연소될 때 가끔 이렇게 폭발하는 칼륨 조각이 있습니다. 다른 조각으로 다시 시도해 보겠습니다. 이렇게 칼륨에 불을 붙여서 탄산가스가 든 병에 넣으면 그 속에서도 계속 연소되는 모습을 볼 수 있습니다. 하지만 공기 중에서 연소되는 것만큼 활발하게 타지는 않습니다. 탄산가스 속에 산소가 묶여 있어 반응이 느리기 때문입니다. 어쨌든 칼륨은 탄산가스 속에서도 산소와 결합하면서 연소 반응을 유지합니다. 그리고 이 연소된 칼륨을 물에 넣으면 수산화칼륨(이 물질에 대해서는 지금 관심을 가질 필요가 없습니다)이 생성되는 동시에 탄소가 생깁니다. 지금은 실험을 정말 대충 실시했습니다만 지금처럼 실험을 5분 만에 하는 대신 하루를 투자해서 신중하게 했다면 칼륨이 연소된 자리에 상당량의 탄소가 생겼을 것이므로 실험 결과를 의심할 필요는 없습니다. 보다시피 실험을 통해 지금 우리가 얻은 이 검은 물질은 탄소가 틀림없습니다. 따라서 우리는 탄산가스가 탄소와 산소로 이루어져 있다는 사실을 증명해낸 것입니다. 또한 이제 우리는 일반적인 환경에서 탄소가 연소되면 항상 탄산가스가 생성된다고 자신 있게 말할 수도 있습니다.

이번에는 이 나뭇조각을 석회수가 든 병에 넣어 봅시다. 병에 든 석회수, 나뭇조각, 그리고 공기가 잘 섞이도록 이렇게 충분히 흔들어 봐도 보다시피 석회수는 맑은 상태를 유지하고 있습니다. 이제 석회수가 든 병 속에서 나뭇조각을 태워 보겠습니다. 이때 물론 물이 발생하겠지만 과연 탄산가스도 함께 생길까요? [실험을 실시한다.] 보다시피 탄산칼슘이 생성되고 있습니다. 이는 탄산가스에서 생성되는 물질이죠. 따라서 탄산가스는 나무 같은 물질 속에 포함된 탄소에서 형성된다는 것을 알 수 있습니다. 여러분도 나뭇조각에 불을 붙여 태우다가 불을 끄면 탄소(숯)가 남는다는 걸 이미 수없이 경험했으리라 생각합니다. 그런데 탄소를 가지고 있되, 이런 식으로 눈에 보이게 탄소를 드러내지 않는 물체도 있습니다. 이를테면 양초는 연소될 때 나무처럼 시커멓게 되지는 않지만 분명 탄소를 함유하고 있죠. 이 병에는 석탄가스가 들어 있습니다. 석탄가스가 연소되면 다량의 탄산가스가 발생합니다. 이 역시 탄소가 눈에 띄지 않는 물질이지만 실험을 통해 곧 여러분에게 실체를 보여 줄 수 있습니다. 석탄가스가 든 이 병에 불을 붙이면 속에 석탄가스가 남아 있는 동안은 계속해서 연소됩니다. 지금 탄소는 눈에 보이지 않지만 불꽃은 보입니다. 밝은 불꽃으로 미루어볼 때 불꽃 속에서 탄소가 타고 있다고 추측할 수 있습니다. 하지만 다른 과정으로 증명해 보이겠습니다. 이 병에는 석탄가스와 다른 어떤 물질[1]이 함께 들어 있습니다. 이 물질은 석탄가스 중 수소를 태우지만 탄소는 태우지 않습니다. 그래서 이렇게 점화용 심지로 불을 붙이면 수소만 타고 탄소는 시커먼 연기로 남습니다. 지금까지 실시한 실험을 보면서 탄소를 추출하는 법을 배우는 한편, 석탄가스를 비롯한 가연성 물질이 공기 중에서 연소될 때 어떤 물질이 생성되는지 분명하게 확인했을 겁니다.

다음 주제로 넘어가기 전에 탄소를 평범하게 연소시킬 때 나타나는 경이로운 상태를 보여드리고 싶습니다. 탄소는 고체 상태로만 연소된다는 사실은 이미 보여드렸습니다. 또한 다 연소된 탄소는 더 이상 고체가 아니라는 사실도 이해했을 겁니다. 즉 흔적이 사라져버리는 것이죠. 이런 특징을 나타내는 연료는 아주 드뭅니다. 실제로 여기에 해당하는 연료 자원은 탄소계 물질, 즉 석탄, 숯, 땔나무뿐입니다. 제가 아는 한 연소될 때 이런 상태를 보여주는 원소는 탄소밖에 없습니다. 탄소가 이런 특징을 지니지 않았다면 어떤 일이 일어났을까요? 모든 연료가 쇠처럼 연소한 뒤에 고체 물질을 남긴다고 생각해 보십시오. 그렇다면 이 난롯불 같은 불을 피울 수 없었을 겁니다.

여기에 준비한 연료는 탄소만큼, 혹은 그 이상으로 아주 잘 연소되는 물질입니다. 보다시피 공기 중에 노출되면 저절로 발화할 정도죠. [자연 발화성 납[2]을 가득 채운 유리관을 깨뜨린다]. 이 물질은 납[3]입니다. 보다시피 정말 잘 타오릅니다. 아주 잘게 부서져 있어서 마치

1 염소(Cl_2)를 사용한다.

2 자연 발화성 납은 건조한 타르타르산납을 유리관(한쪽 끝은 막혀있고 다른 한쪽은 끝이 뾰족한 형태)에 넣고 증기가 더 이상 발생하지 않을 때까지 가열해서 만든다. 그 다음 유리관의 열린 입구를 취관으로 밀봉한다. 유리관을 깨서 내용물을 공기와 혼합하면 붉은 섬광을 내며 연소된다.

3 납은 푸르스름한 회색 금속으로 선사시대부터 알려져 있었다. 로마가 거위 울음소리 덕분에 적의 침입을 막은 일화는 유명하지만 로마가 멸망한 주요 원인 중 하나가 납이었다는 사실은 그리 잘 알려져 있지 않다. 로마 귀족들은 납이 들어간 식기와 납이 들어간 화장품을 사용했다. 납은 독성을 지닌 물질이고 납중독으로 인해 로마 귀족들의 평균 수명은 25세를 넘기지 못했다.

벽난로에서 타고 있는 석탄 조각처럼 보이죠. 공기가 납의 표면과 틈새로 들어가기 때문에 이렇게 연소되는 겁니다. 하지만 이렇게 한 덩어리로 뭉치면 연소되지 않죠. [유리관 속 내용물을 비워 철판 위에 한 덩어리로 쌓는다.] 그 이유는 단순히 공기가 닿지 않기 때문입니다. 이 납덩어리는 난방이나 취사에 사용할 수 있을 만큼 높은 열을 발생시키지만 이내 불이 꺼지고 마는 성질로 인해 제대로 활용하기는 어려울 듯합니다. 왜냐하면 연소로 생성된 물질이 없어지지 않고 표면을 감싸 공기의 접촉을 막으면서 더 이상 아래로 타들어 갈 수 없기 때문입니다. 탄소와는 아주 다른 특징을 지닌 것이죠. 탄소는 연소 생성물이 공기 중으로 계속 날아가므로 아직 연소되지 않은 나머지 부분에 계속 공기가 공급되니까요. 앞서 우리는 산소 속에서 재를 남기지 않고 끝까지 연소되는 탄소의 모습을 살펴봤습니다. 지금 이 경우[자연 발화성 납덩어리를 가리킨다]에는 연료보다 재가 더 많습니다. 납이 연소되면서 산소와 결합하여 더 무거워지기도 했죠. 이렇게 해서 탄소가 납 혹은 철과 어떻게 다른지 알아봤습니다. 철을 실험 대상으로 골랐더라도 연소될 때 생기는 빛으로나 열에서나 확실히 대비되는 결과를 나타냈을 것입니다. 만약 탄소가 연소될 때 발생하는 생성물이 고체였다면 지금 이 강의실에는 인을 연소했을 때처럼 뿌연 물질로 가득 차 있었을 겁니다. 하지만 탄소가 연소될 때 생성된 물질은 이미 모두 대기 중으로 날아간 상태입니다. 또한 탄소가 연소되면서 발생한 이 기체를 고체 혹은 액체 상태로 만들기란—성공한 적이 있기는 하지만—대단히 어려운 일입니다.

지금부터 아주 흥미로운 주제를 여러분에게 소개하겠습니다. 바로 양초 연소와 우리 몸 내부에서 일어나는 생체 연소의 관계입니다. 우리 모두의 몸 내부에서는 양초 연소와 아주 비슷한 생체 연소가 일어나고 있습니다. 이는 단순히 시적인 의미로 인간의 생명을 양초에 비유하는 것이 아닙니다. 조금만 주의를 기울인다면 지금 제가 하려는 말을 명확하게 이해할 수 있을 겁니다. 이 주제에 대한 이해를 돕기 위해 저는 지금 이 자리에서 금방 조립할 수 있는 간단한 장치를 고안했습니다. 여기 이 나무판자에는 홈이 파여 있습니다. 홈 윗부분

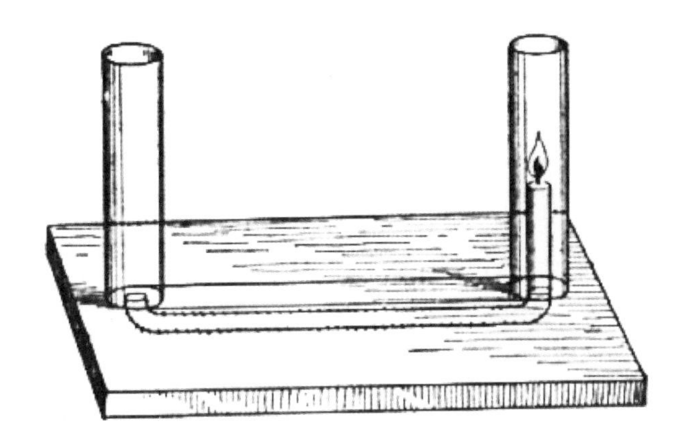

그림 32

에는 이렇게 덮개를 덮어 막겠습니다. 그리고 홈 양 끝에 통로가 되도록 유리관을 세웁니다. 이렇게 하면 U자형 공기 통로가 생기는 셈입니다(그림 32). 점화용 심지 또는 양초(우리는 이제 '양초'에 대해서 많은 것을 알고 있으므로 이 단어를 좀 더 폭넓게 사용할 수 있습니다)를 두 유리관 중 한쪽에 세웁니다. 보다시피 아주 잘 타고 있습니다. 촛불에 공급되는 공기는 반대쪽 끝 유리관을 타고 내려가 수평으로 뚫린 홈통을 지나서 양초가 놓인 반대편 유리관을 타고 올라갑니다. 공기가 들어가는 유리관 입구를 막으면 보다시피 연소가 멈춥니다. 여러분은 이 사실을 어떻게 생각하십니까? 이전에 실행한 실험에서 촛불에서 나오는 기체가 다른 촛불에 닿을 때 어떤 일이 일어나는지 살펴보았습니다. 마찬가지로 다른 촛불에서 나오는 기체를 이 통로 속으로 내려보내면 옆에 있는 촛불을 끌 수 있습니다. 하지만 제가 내쉬는 숨으로도 양초를 끌 수 있다고 한다면 여러분은 제 이야기를 어떻게 받아들이실 건가요? 입으로 불어서 양초를 끈다는 뜻이 아니라 제가 내뱉는 숨에 양초를 꺼뜨리는 성질이 있다는 의미입니다. 지금부터 제 입을 유리관 입구에 대고 제 입에서 나오는 기체 이외에

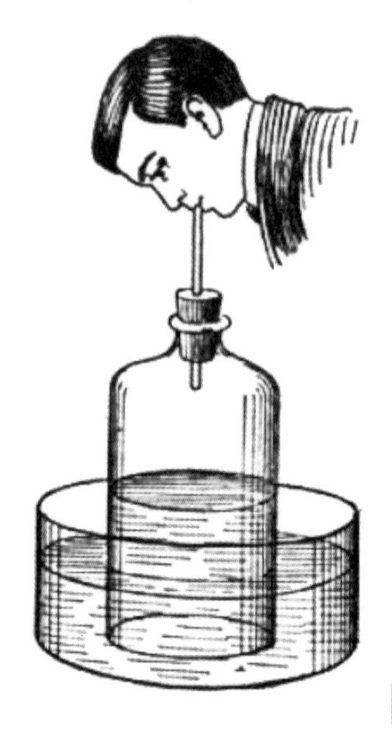

그림33

다른 기체가 들어가지 못하도록 하겠습니다. 보다시피 양초가 꺼집니다. 저는 양초를 불어서 끄지 않았습니다. 숨을 내쉴 때 나오는 기체가 그저 유리관 입구로 들어가도록 했을 뿐, 바람을 일으키지는 않았거든요. 즉 저의 폐가 공기 중에서 산소를 빼앗아 오는 작용을 일으킨 것입니다. 제가 이 장치 속으로 내뿜은 어떤 기체가 양초에 닿기까지 시간이 얼마나 걸리는지 보십시오. 처음에는 양초가 계속 연소되지만 기체가 양초에 닿자마자 불이 꺼집니다. 이런 현상은 우리 연구에서 중요한 부분이므로 실험은 하나 더 실시하겠습니다. 여기 신선한 공기가 담긴 밑이 뚫린 용기가 있습니다. 양초나 가스등이 연소하는 양상으로 이것이 신선한 공기라는 것을 확인할 수 있습니다. 마개로 용기 입구를 막고 입으로 내부 공기를 빨아들일 수 있도록 마개를 관통하는 관을 꽂습니다. 보는 바와 같이 용기를 물에 넣고 마개를 잘 밀폐하면 내부 공기를 가둘 수 있습니다(그림 33). 이제 마개에 꽂힌 관에 입을 대고 숨을 들이셨다가 다시 용기 속으로 내뱉습니다. 용기 속의 물이 오르내리는 모습으로 저의 들숨과 날숨을 확인하셨을 겁니다. 이제 용기 내부 공기에 연소하는 양초를 넣어보겠습니다.

불이 꺼지는 모습으로 미루어 볼 때 내부 공기의 상태가 어떤지 판단할 수 있습니다. 보다시피 단 한 차례 호흡만으로도 내부 공기가 완전히 변했으므로 추가로 숨을 쉴 필요도 없습니다. 이로써 빈곤층 거주지역의 주택 구조가 상당수 부적절하게 설계됐다는 주장의 근거를 이해할 수 있습니다. 적절한 환기 장치로 신선한 공기를 공급하지 못하므로 그곳 사람들은 계속 같은 공기 속에서 숨을 쉴 수밖에 없습니다. 단 한 번의 호흡으로 공기가 얼마나 나빠지는지 봤으니 여러분은 이제 우리 인간에게 신선한 공기가 얼마나 소중한지 쉽게 이해할 수 있을 겁니다.

그렇다면 우리가 내쉬는 공기를 석회수에 적용하면 어떻게 될까요? 여기 석회수를 담은 둥근 유리 용기가 있습니다. 내부 공기에 접촉할 수 있도록 유리관을 꽂아 두었으므로 호흡한 공기, 혹은 호흡하지 않은 공기가 석회수에 미치는 영향을 확인할 수 있습니다. A관은 공기에 떠 있고 B관은 석회수에 닿아있으므로 A관으로 들숨을 쉬면 B관으로 바깥 공기가 유입됩니다(그림 34). 이렇게 아무리 오랫동

그림34

안 외부 공기를 석회수로 끌어들여도 석회수에는 아무런 변화가 일어나지 않는군요. 여전히 투명한 상태입니다. 하지만 폐로 흡입한 공기를 B관을 통해 석회수 속으로 몇 차례 연속으로 불어넣으면 보다시피 석회수가 점점 뿌옇게 흐려집니다. 이로써 내쉬는 숨이 석회수에 어떻게 작용하는지 알 수 있습니다. 지금쯤 여러분은 우리가 호흡하고 내쉰 공기가 탄산가스를 함유하고 있다는 사실을 눈치 챘을 겁니다. 석회수는 탄산가스와 섞이면 뿌옇게 변한다는 것을 여러 차례 경험했으니까요.

여기에 병을 두 개 준비했습니다. 하나에는 석회수가, 나머지 하나에는 그냥 물이 들어 있고 두 병에 관을 꽂아 연결했습니다. 아주 간단하지만 무척 유용한 장치죠. 이제 두 병을 연결하고 있는 관에 입을 대고 들숨과 날숨을 내쉬면 장치의 특성상 공기가 되돌아 나오지 않고 한 방향으로만 흐르게 됩니다(그림 35). 즉 계속 호흡하기만 하면 신선한 공기와 제가 내쉬는 공기가 석회수에 미치는 영향을 각각 파악할 수 있습니다. 역시 신선한 공기는 석회수에 아무런 변화도 일으키지 않는 반면, 내쉬는 공기는 석회수를 뿌옇게 만들고 있습니다.

이 현상을 조금 더 자세히 살펴봅시다. 우리 몸속에서 일어나는 호흡이란 과연 어떤 작용일까요? 조물주는 모든 생명이 만물이 자기 의지와 무관하게 저절로 이 행위를 하도록 조처했습니다. 우리는 잠시 동안이라면 호흡을 참을 수 있지만 계속 억누르면 목숨을 잃게 됩니다. 잠든 사이에도 호흡 기관, 그리고 호흡과 연관된 장기는 계속해서 활동합니다. 호흡, 즉 공기가 폐에 접촉하는 과정은 생명유지에 반드시 필요한 작용입니다. 이 과정이 무엇인지 최대한 간단하게 설명해 보겠습니다. 우리는 음식을 섭취합니다. 섭취한 음식은 몸속에 있는 통로를 거쳐서 여러 기관, 특히 소화기로 옮겨갑니다. 그리고 소화된 영양분은 혈관을 통해 폐로 이동하고 우리가 호흡하는 공기 역시 다른 혈관을 통해 폐로 들어갔다가 나갑니다. 이 과정에서 공기와 영양분은 아주 얇은 막을 사이에 두고 가까이 접촉합니다. 이때 공기는 혈액에 영향을 미칠 수 있으며 앞에서 양초를 연구하는 과정에서 살펴본 것과 같은 결과를 냅니다. 즉 공기와 결합하여 탄산가스를 형성

그림35

하고 열을 발생하는 촛불처럼 폐에서도 이런 신기하고 놀라운 변화가 발생합니다. 폐로 들어간 공기는 음식을 통해 몸에 유입된 탄소와 결합해 탄산가스를 형성하므로 우리는 음식물을 일종의 연료로 간주할 수 있습니다. 이 주장을 뒷받침하기 위해 설탕을 예로 들어 보겠습니다. 설탕은 탄소, 수소, 산소로 이뤄진 화합물입니다. 비율은 다르지만 양초 역시 같은 원소로 이뤄져 있죠. 설탕 성분 비율은 다음 표와 같습니다.

설탕

탄소	72	
수소	11	99
산소	88	

이 표에서 정말 신기한 부분을 찾을 수 있습니다. 설탕 속에 든 산소와 수소가 물을 구성하는 비율과 정확히 일치하는 것이죠. 따라서 설탕은 탄소 72와 물 99로 이뤄져 있다고 말할 수 있습니다. 그리고 설탕 속에 든 탄소가 호흡 과정에서 공기 속 산소와 결합한다는 점에서 우리 몸은 양초와 비슷합니다. 탄소는 지금 이 순간에도 대단히 아름답고 단순한 과정을 통해 인체 기관 유지에 필요한 경이로운 효과를 내고 있습니다. 설탕을 이용해 그 효과를 좀 더 쉽게 설명해 보죠. 실험 진행 속도를 높이기 위해 설탕과 물을 3대1 비율로 섞은 시럽을 이용하겠습니다. 이 시럽에 녹반유[1]를 조금 떨어뜨리면 물이 제거되고 검은 덩어리 형태의 탄소만 남습니다. [강연자가 설탕 시럽에 황산을 떨어뜨린다.] 보다시피 탄소가 나오기 시작하고 곧 단단한 탄소 덩어리가 생길 겁니다. 전부 설탕에서 나온 탄소인데, 음식물인 설탕에서 이렇게 단단한 탄소 덩어리가 생기다니 예상치 못한 일이죠. 설탕 속 탄소를 산화하면 훨씬 더 놀라운 결과를 보게 됩니다. 여기에 설탕과 산화제를 준비했습니다. 이 산화제는 공기보다 빠르게 작용하죠. 지금부터 호흡과 그 유형은 다르지만 본질적으로는 같은 방식으로 이 연료, 즉 설탕을 산화시키겠습니다. 이렇게 설탕에 산화제 약간을 섞어서 불을 붙이면 우리가 호흡할 때 폐로 들어온 공기 중의 산소가 탄소와 작용하여 탄산가스가 생성되는 것과 다를 바 없는 과정이 진행됩니다. 다만 속도가 좀 더 빠를 뿐이죠. 결국 우리가 호흡하는 것은 화학적인 산화작용과 마찬가지인 겁니다.

이렇게 탄소가 산화해서 발생하는 탄산가스의 양이 얼마나 되는지 들으면 여러분은 다들 놀랄 것입니다. 양초 한 자루를 계속 켜두면 네 시간에서 일곱 시간 가량 연소되는데 그 시간 동안 엄청나게 많은 탄산가스를 뿜어냅니다. 우리 인간이 호흡하면서 내뿜는 탄산가스의 양도 만만치 않습니다. 성인 한 명이 스물네 시간 동안 호흡하면 탄소 약 198그램을 탄산가스로 바꾸죠. 젖소 한 마리는 탄소 1,984그램, 말 한 마리는 탄소 2,240그램을 오로지 호흡만으로 탄산가스로 바꿉니다. 즉 말 한 마리는 체온을 유지하기 위해 호흡 기관에서 스물

1 황산을 가리켜 녹반유라고도 한다.

네 시간 동안 탄소 2,240그램을 태우고 있는 겁니다. 모든 온혈 동물은 이렇게 영양분에 포함된 탄소를 호흡기를 통해 연소시키는 방식으로 체온을 유지합니다. 그렇다면 이 과정이 우리가 살고 있는 대기에 얼마나 엄청난 변화를 일으키고 있을지 짐작할 수 있을 겁니다. 하루에 호흡으로 생성되는 탄산가스가 런던에서만 약 2,232톤에 달합니다. 만약 탄소가 앞에서 보여 드린 납이나 철처럼 연소될 때 고체 생성물을 남긴다면 어떻게 될까요? 세상은 온통 재로 덮여버리고 말 겁니다. 대기는 거대한 운송 매체로서 탄소가 연소될 때 생성되는 탄산가스를 사방으로 퍼뜨리고 있습니다. 따라서 호흡으로 발생하는 환경 변화가 인간에게 해롭다는 사실을 알게 된 것은 모두를 위해 다행입니다. 인간은 같은 공기를 계속 호흡하면서 살 수 없기 때문이죠. 하지만 동시에 탄산가스는 지구 표면에서 자라고 있는 식물과 채소의 성장을 뒷받침하는 대단히 중요한 작용을 합니다. 또한 바깥 공기에 직접 접촉하지는 않지만 물고기를 비롯한 수중 생물 역시 같은 식으로 호흡한다는 점을 고려하면 물속에서도 지상과 같은 원리를 적용할 수 있지 않을까요?

여기 있는 물고기[금붕어[2]가 헤엄치고 있는 어항을 가리킨다]는 물속에 녹아 있는 산소로 숨을 쉬고 탄산가스를 내놓습니다. 산소와 탄산가스는 서로 공생하는 동물계와 식물계를 형성하는 거대한 작업을 하고 있는 겁니다. 예시로 여기에 준비한 식물들을 비롯해 지구상에서 자라는 모든 초목은 탄소를 흡수합니다. 식물의 잎은 우리가 탄산가스의 형태로 대기 중에 내놓은 탄소를 흡수하면서 성장하고 번성하는 것이죠. 따라서 식물은 우리가 숨 쉴 때 필요한 깨끗한 공기보다는 탄소와 여러 물질이 섞인 공기 속에서 더 무성하게 자랍니다. 앞에서 살펴봤듯이 대기는 인간에게는 해로운 반면 식물에게는 이로운 물질들을 적절하게 운반하는 역할을 합니다. 어떤 존재에는 해가 되는 물질이 다른 존재에는 득이 되기도 합니다. 이렇듯 우리 인류는 인간끼리 서로 의지할 뿐만 아니라 지구상에 존재하는 모든 존재에

2 금붕어는 동아시아 원산의 민물어종으로 관상용으로 세계 곳곳에 전파됐다. 금붕어는 주로 차갑고 산소가 풍부한 물에서 잘 자라며 잡식성 어류다.

게 의지하고 있습니다. 자연계 전체는 자신의 일부가 다른 존재에게 도움이 되는 법칙으로 서로 엮여 있으니까요.

강의를 마치기 전에 말씀드려야 할 점이 한 가지 더 있습니다. 이 같은 공생 관계 전반과 관계된 흥미롭고 멋진 사실입니다. 바로 다양한 상태에 있는 산소, 수소, 탄소의 관계 말입니다. 이전에 잘게 부순 납이 발화하는 모습을 보여 드렸습니다. 납은 공기에 노출되는 순간, 유리관에서 꺼내기도 전에 공기가 침투하는 순간 이미 발화 반응을 나타냈습니다. 이 같은 작용이 일어나는 원인은 화학 친화력입니다. 우리가 호흡을 할 때에도 같은 작용이 신체 내부에서 일어납니다. 양초가 연소될 때도 어떤 물질이 다른 물질을 끌어당기는 작용이 일어나죠. 납이 자연 발화하는 경우도 마찬가지로 화학 친화력 작용을 잘 볼 수 있는 일례입니다. 그리고 만약 납의 연소 생성물이 숯처럼 공기 중으로 없어진다면 납 역시 형태가 없어질 때까지 계속 연소될 겁니다. 그러나 숯과 납이 어떻게 다른지 이제 여러분도 잘 아실 테죠. 납은 공기와 닿는 순간 변화가 생기지만 숯은 공기 중에 노출되어도 며칠, 몇 주, 몇 달, 심지어 몇 년까지도 그대로 있습니다. 헤르쿨라네움(이탈리아 캄파니아 지방에 있던 고대 도시—옮긴이)에서 발견된 문서는 탄소를 포함한 잉크로 작성한 필사본이었습니다. 1,800년 이상 시간이 흘렀지만 다양한 환경에서 대기와 접촉했음에도 불구하고 전혀 변질되지 않았습니다. 납과 탄소가 이런 차이를 나타내는 원인은 무엇일까요? 탄소는 납을 비롯하여, 여러분에게 보여 드릴 수 있지만 굳이 내놓지는 않은 여러 물질과 달리 자연 발화하지 않습니다. 탄소는 때가 오기를 기다리죠. 이런 기다림이 신기하고 경이롭습니다. 여기 있는 일본 양초는 납이나 철(고운 철가루도 납처럼 자연 발화한다)처럼 자연 발화하지 않습니다. 몇 년 혹은 몇 세대라도 전혀 변질되지 않고 기다립니다. 여기 통에 담긴 석탄가스도 마찬가지입니다. 꼭지를 열면 가스가 나오지만 보다시피 발화하지 않습니다. 공기 중으로 나와도 불이 붙을 만큼 충분히 가열될 때까지 기다립니다. 그리고 입김을 불어서 불을 끄면 꼭지에서 계속 흘러나오고 있는 이 가스는 다시 불꽃을 갖다 댈 때까지 그대로 있습니다. 신기하게도 물질마다 발화하는 온도는 각각 다릅니다. 온도가 조금만 올라도 발화하는 물질이 있는 반면 상당히 높은 온도에서 발화하는 물질도 있습니다. 여기 일반 화약과 면화약이 있습니다. 심지어 이 두 물질도 발화하는 온도가 다릅니다. 화약은 탄소를 비롯한 여러 물질로 이루어져 있으며 대단히 불이 잘 붙습니다. 면화약 역시 성분은 다르지만 불이 붙기 쉬운 물질입니다. 둘 다 불이 붙기까지 기다리고 있으나 두 물질은 서로 다른 온도, 즉 서로 다른 조건에서 연소되기 시작할 것입니다. 가열한 철사를 갖다 댄 다음 어느 쪽이 먼저 연소되기 시작하는지 관찰해 보죠. [뜨거운 철사를 면화약과 화약에 갖다 댄다.] 보다시피 면화약은 폭발했지만 철사 중 가장 뜨거운 부분도 화약을 폭발시키기에는 역부족입니다. 간단하지만 물질에 따라 발화점이 다르다는 사실을 아주 잘 보여주는 실험이었습니다. 한편, 열로 활성화될 때까지 기다려야 하는 특정 연소 반응과는 달리 우리의 호흡 과정은 폐로 공기가 들어오자마자 탄소와 결합되는 반응을 일으킵니다. 말 그대로 몸이 꽁꽁 얼지 않는 한, 신체가 견딜 수 있는 최저 온도에서도 이 호흡이라는 반응은 즉각적으로 탄산가스를 생성해 냅니다. 이렇게 해서 우리는 호흡과 연소가 어떻게 비슷한지 잘 살펴봤습니다. 이제 강의를 마쳐야 할 시간이 됐네요. 저는 여러분이 자기가 속한 세대에서 촛불에 비견될 수 있는 사람이 되길 기원합니다. 여러분이 주변 사람들을 촛불처럼 비추길 바랍니다. 또한 여러분이 인류를 위한 의무를 이행해야 할 때, 명예롭고 적절하게 행동함으로써 촛불처럼 아름다운 사람이 되길 소망합니다.

마이클 패러데이에 대해서

"지금까지도 많은 글에서 패러데이를 다뤘지만 앞으로 더욱더 많은 글에서 패러데이를 다룰 것이고 더 많은 사람이 그 글을 읽을 것이다. 패러데이는 대단히 중대한 과학 현상들을 발견했고 관련 사료도 풍부하게 남아있다. 그뿐만 아니라 패러데이의 인생에서는 '가난뱅이에서 벗어나 출세가도에 오른' 감격스러운 여정, 그리고 과학을 사랑하지만 기회나 정식 교육의 혜택을 받지 못한 사람들에게 언제까지라도 영감을 불어넣어 줄 완벽을 향한 정진을 찾아볼 수 있다."

많은 사람이 패러데이의 인생과 그의 업적에 그토록 매력을 느끼는 이유를 아주 적절하게 설명한 위 구절은 데이비드 구딩과 프랭크 제임스가 편집한 『패러데이 재발견 Faraday Rediscovered: Essays on the Life and Work of Michael Faraday(1791-1867)』의 머리말에 런던 왕립학회 회원 조지 포터가 쓴 내용이다.

마이클 패러데이는 1791년 9월 22일 런던의 한 가난한 가정에서 태어났다. 아버지는 일거리를 찾아 런던으로 온 대장장이였다. 패러데이의 어린 시절은 잘 알려져 있지 않다. 단지 아버지의 소득만으로는 기본적인 의식주를 감당할 수 없는 형편 속에서 패러데이가 어릴 때부터 가계에 보탬이 되는 방법을 생각해야만 했다는 사실이 알려져 있을 뿐이다. 그렇게 패러데이는 열세 살 때 프랑스 망명자 조지 리보 씨 밑에서 신문 배달을 시작했다. 리보는 신문 발행 이외에 고서를 재제본해서 판매하는 일도 하고 있었다. 인정 많은 사람이었던 리보는 일 년 뒤 패러데이를 제본 기술을 배우는 유급 수련생으로 고용했다. 그 덕분에 패러데이는 수준 높은 내용의 고서들을 가까이서 접할 수 있었다.

또한 패러데이는 정밀한 제본용 도구들을 사용하는 동안 손재주를 단련할 기회를 얻었고 이 경험은 이후 과학 기구를 설계하고 다룰 때 무척 큰 도움이 됐다. 책더미 속에서 왕성한 호기심을 충족시키고자 했던 패러데이는 가게에 들어오는 책을 닥치는 대로 읽기 시작했다. 처음에는 뚜렷한 목표 없이 가리지 않고 책을 읽었다. 정규 교육을 받지 않았기 때문에 어쩌면 그럴 수밖에 없었을 것이다. 그는 열세 살 때까지 주간학교에 다녔지만 그곳에서 받은 교육은 '읽기, 쓰기, 산수의 기초'에 지나지 않았다.

그렇게 독서를 하던 어느 날 패러데이는 재제본용으로 리보의 가게에 들어온 『브리태니커 백과사전』 한 권에서 '전기'를 다룬 항목을 발견했다. 이 글을 읽은 뒤 패러데이는 전기과학에 깊은 흥미를 느끼게 된다. 그는 전기의 다양한 측면을 다룬 글을 읽기 시작했을 뿐만 아니라 낡은 병과 주변에서 얻을 수 있는 잡동사니로 직접 만든 작은 정전기 발생기를 써서 타이틀러(브리태니커 백과사전 제2판의 편집자—옮긴이)가 쓴 항목에 나오는 몇몇 사실을 확인하기도 했다. 전기에 관한 특이한 관점을 선보인 타이틀러의 그 글은 패러데이의 사고에 커다란 영향을 미쳤던 것 같다. 타이틀러는 전기를 공중에서 입자가 흐르는 현상이 아니라 일종의 진동이라고 상상했다. 또한 다양한 운동 방식을 나타내는 '독특한 유동체'가 존재한다고 상정함으로써 모든 전기 효과를 설명할 수 있다고 생각한 타이틀러는 자기만의 색다른 관점을 제안하는 동시에 당대 전기 이론을 무너뜨렸다. 이런 타이틀러의 글을 탐독한 패러데이는 기존 이론을 의심하는 한편 논쟁의 여지가 있는 주장을 열린 마음으로 대하기 시작했다. 패러데이가 타이틀러의 글에 얼마나 영향을 받았는지 단언할 수는 없지만 1820년부터 꾸준히 작성한 실험 노트에 타이틀러의 글을 여러 차례에 걸쳐 언급했으며 우연히 타이틀러의 글을 읽은 덕분에 이후 패러데이의 경력이 완전히 뒤바뀌었다는 점은 거의 확실하다. 패러데이가 과학을 향한 진정한 열정을 느끼며 이후 방향성 있는 독서를 하기 시작한 것도 그즈음이었다. 같은 시기에 패러데이는 제인 마셋이 쓴 『화학 대담Conversations on Chemistry』이라는 책도 발견했고 이 책 역시 패러데이의 사고에 오랫동안 영향을 미쳤다. 동시대 화학 관련 서적들과 달리 이 책은 무미건조한 화학 지식을 장황하게 서술하는 대신 화학 반응, 전기 관련성, 열 현상 및 광학 현상을 거대한 하나의 체계로 통합하고자 했다. 자연의 궁극적 수수께끼를 풀 열쇠로 화학을 전면에 내세운 이 책을 읽고 패러데이는 화학에 관심을 느끼게 된 동시에 험프리 데이비 경의 업적에 대해서도 배우게 된다.

당시에는 과학 관련 직업에 종사하기가 쉽지 않았을 뿐더러 패러데이 같이 경제적으로 어려운 처지에는 한층 더 어려운 일이었다. 그러나 모든 일이 꼭 논리적으로 진행될 필요는 없다. 그랬다가는 이 세상은 그저 지루한 곳이 되고 말 것이다. 1810년, 패러데이는 당시 존 테이텀이 회장직을 맡고 있던 시립 철학 학회(City Philosophical Society) 회원들과 만났다. 이 학회의 회원들은 일주일에 한 번씩 존 테이텀의 자택에 모여 다양한 과학 주제를 논의했다. 테이텀이 특정한 주제에 관해 강의를 한 뒤에 회원들이 모두 토론에 참여했던 이 모임은 패러데이가 과학에 관심 있는 사람들과 교류하는 통로 역할을 했다. 그러던 차에 뜻밖의 일이 벌어졌다. 어느 날 리보의 고객이 "리보 씨, 지금 데이비 경의 강의를 들으러 가는 중인데 표가 한 장 남아요. 함께 가시죠."라고 말했다. 리보는 그 고객에게 자기는 과학 분야를 잘 몰라서 강의를 즐길 수 없겠지만 괜찮다면 대신 '과학을 사랑'하는 패러데이를 데려가라고 말했다. 고객은 흔쾌히 패러데이를 데려가겠다고 했다. 패러데이는 이미 데이비의 업적을 잘 알고 있던 터라 무척 기쁜 마음으로 강의에 참석했을 뿐만 아니라 강의 노트를 꼼꼼하게 작성한 뒤 나중에 반듯하게 옮겨 써서 제본까지 했다.

패러데이는 제본 일을 그만두고 과학 관련 일에 종사하고 싶었지만 어디서부터 시작해야 할지 몰랐다. 마침내 패러데이는 데이비에게 도움을 요청하는 편지를 썼다. 그리고 패러데이는 편지와 함께 자기가 참석했던 염소(Cl)를 주제로 한 데이비의 강의 4회분을 기록한 강의 노트 합본을 동봉하여 보냈다. 1812년 12월 크리스마스이브에 패러데이는 데이비로부터 답장을 받았고 그 내용은 다음과 같았다. "당신이 보낸 강의 노트에 담긴 자신감과 굳은 결심에 나는 기쁜 마음을 금할 수 없었습니다. 이 강의 노트를 통해 당신이 열렬한 관심, 뛰어난 기억력, 대단한 주의력을 갖추고 있다는 것을 알 수 있었습니다. 나는 한동안 런던을 떠나 있을 예정이고 다시 돌아와서 안정을 찾으려면 1월 말이나 되어야 할 것 같습니다. 그 후 언제라도 당신을 꼭 만나고 싶습니다. 당신에게 도움을 줄 수 있다면 무척 기쁠 것입니다. 능력이 닿는 한 돕고 싶습니다." 그렇게 1813년 1월 말, 데이비는 런던으로 돌아온 직후 패러데이를 만났다. 처음 만남에서 데이비는 패러데이에게 아무런 약속도 하지 않았으나 몇 주 뒤 실험실에서 발생한 폭발 사고로 인해 일시적으로 눈이 보이지 않게 된 데이비는 일상적인 실험실 업무를 도와줄 사람이 필요했고, 기꺼이 과학계에 입문하고자 하는 '글씨를 또박또박 쓰는 젊은이'에게 도움을 요청했다. 패러데이의 일처리에 만족했던 데이비는 1813년 봄에 실험실 조수 자리가 비게 되자, 그런 기회를 간절하게 바라고 있던 패러데이에게 조수직을 제안했고 패러데이는 즉시 제안을 받아들였다. 그리하여 패러데이는 당대 가장 유명한 화학자 중 한 명에게 화학을 배울 수 있는 기회를 손에 넣은 것이다. 이후에도 데이비는 패러데이의 열의, 헌신, 독창성에 대단히 큰 감명을 받았고 패러데이의 장래에 적극적인 관심을 보였다.

데이비는 훌륭한 과학자였고 현대 과학계에 여러모로 공헌했으나 아마도 데이비의 가장 큰 업적은 패러데이에게 과학의 길로 들어설 수 있는 기회를 제공했다는 사실일 것이다. 데이비 자신도 이 사실을 인정했다. 한 기자가 데이비에게 "선생님은 본인의 가장 큰 발견이 무엇이라고 생각하십니까?"라고 물었을 때 데이비는 "마이클 패러데이입니다."라고 즉답했다.

전기화학에 크게 기여한 데이비의 연구는 패러데이의 사고에 깊은 영향을 미쳤다. 당시 학계는 전기가 유동체라고 믿고 있었지만 전기화학 분야에 몰두하고 있었던 데이비는 더 이상 그 개념을 지지할 수 없다고 확신하게 됐다. 데이비가 발견한 많은 사실로 미루어 볼 때 전기는 물질의 입자와 관련된 힘을 의미한다는 사실이 명확해졌기 때문이다. 이는 패러데이의 과학 인생 전체를 인도한 개념이기도 했다.

패러데이가 초창기에 실시했던 과학 연구는 기체의 액화였다. 그는 1820년에 처음으로 염소와 탄소의 화합물인 C_2Cl_6(헥사클로로에탄)과 C_2Cl_4(테트라클로로에틸렌)을 만들었다. 그리고 1825년에는 벤젠을 발견했으며 이는 드디어 과학계에서 패러데이의 이름이 널리 알려지는 계기가 된다. 이후 패러데이가 전기 분해 반응을 발견하고 이를 제어하는 법칙을 알아낸 것은 1832년의 일이었다. 수학 교육을 받은 적이 없는 상태로 이 같은 연구 성과를 올린 패러데이는 조지프 헨리(Joseph Henry, 미국의 물리학자—옮긴이)와 별도로 전자기 유도가 가능함을 최초로 증명했으며 이 법칙을 이용하여 최초의 발전기와 최초의 변압기 또한 만들었다.

마지막으로 데이비드 구딩과 프랭크 제임스의 저서 한 대목을 다시 인용하면서 패러데이가 남긴 연구의 중요성을 되새기고자 한다.

"마이클 패러데이는 18세기와 19세기에 걸쳐 활약했다. 빛을 입자라고 생각하던 시대에 태어난 젊은 패러데이는 빛이 고체 에테르(빛이나 전자기파 전달을 매개한다고 여겨진 가상의 매질—옮긴이) 속 파동으로 바뀌는 것을 목격했으며, 이후 에테르 없는 전자기 복사의 기반을 다졌다. 그리고 자성이 몇몇 금속만이 지니는 성질이라고 생각하던 시절에 태어난 패러데이는 자성이 보편적인 현상임을 증명했다. 또한 전기가 유동 물질이자 대중의 볼거리에 불과하던 시절에 태어난 패러데이는 맥스웰이 전기를 수학적으로 설명할 수 있는 길을 열었으며 나아가 전기 상용화의 초석을 다졌다. 패러데이의 이런 발견들이 현재의 기술에 적용되지 않았다면 우리들의 삶이 과연 어떠했을지 상상이나 할 수 있겠는가!"

편집자의 말

원시적인 소나무 횃불과 파라핀 양초 사이에는 얼마나 큰 간극이 있는가! 그 차이는 얼마나 막대한가! 인간이 밤에 집 안을 밝히기 위해 사용한 수단은 문명의 발달 과정에서 그 인간이 어느 단계에 있는지 알려준다. 극동 지역의 투박한 질그릇에서 타오르던 액체 역청에서 시작해 형태는 정교하지만 제 역할을 다하지 못했던 에트루리아의 등, 에스키모족이나 라플란드인이 살던 오두막을 빛보다는 냄새로 채우던 고래, 물개, 곰의 지방, 화려한 제단 위에 놓인 커다란 밀랍 양초, 지금 거리를 비추는 가스등에 이르기까지 모든 조명에는 이야기가 담겨 있다. 만약 이런 조명이 말을 할 수 있다면 자기가 인간의 편의, 가정의 화목, 노동, 신앙에 얼마나 기여해 왔는지 얘기하면서 우리 마음을 따뜻하게 어루만졌을 것이다.

물론 이미 세상을 떠난 수많은 불의 숭배자와 사용자 중에는 불의 신비를 곰곰이 생각한 이들도 있었다. 어쩌면 몇몇 총명한 이들은 예리하게 진실에 가까이 다가갔을 것이다. 인간이 무지몽매하게 살던 때를 생각해 보라. 진실을 아는 사람이 죽으면 그 진실도 함께 묻히던 시절을 떠올려 보라.

추론 과정은 아주 조금씩, 연결 고리 하나하나가 이어지며 구축돼 왔다. 성급하게 대충 만든 고리는 버려지고 더 나은 고리로 대체됐다. 이제 중대한 현상들이 밝혀졌고 틀은 올바르고 단단하게 완성됐으며 노련한 예술가들이 나머지를 채우고 있다. 고로 이 강의를 완전히 학습한 아이는 아리스토텔레스보다 불에 관해 더 많이 알게 된다.

양초는 자연의 어두운 곳을 밝히기 위해 만들어진다. 그리고 취관(吹管, 용접기구의 일종—옮긴이)과 프리즘이 지구의 표면에 관한 지식을 늘려주고 있지만 여전히 횃불이 가장 먼저다.

이 책을 읽는 독자 중에는 풍부한 지식을 갖추기 위해 열심히 노력하는 이들이 있을 것이다. 과학의 불꽃은 타올라야 한다. 당신 안의 불꽃을 키우기를!

윌리엄 크룩스[1]

William Crookes

1 마이클 패러데이의 크리스마스 강연을 정리하여 최초로 출간한 편집자.

주석 모음

p. 12~13

1. 일반적으로 양초나무는 횃불 혹은 양초 대용으로 사용하는 수지가 풍부한 나무를 통칭한다. 아일랜드 습지에서 채취하는 양초나무는 부식 중인 식물성 물질로 이뤄진 유기질 토양 혹은 토탄을 의미한다.
2. 데이비 등(Davy lamp)은 예전에 광부들이 사용하던 안전등의 일종으로 발명자인 험프리 데이비 경의 이름을 딴 명칭이다.
3. 로열 조지 호는 1782년 8월 29일에 스피트헤드에서 침몰했다. 파슬리 대령은 1839년 8월에 화약을 폭발시켜 난파선 잔해를 제거하는 작업을 개시했다. 따라서 패러데이 교수가 보여준 양초는 57년 이상 바닷물의 영향을 받았다.

p. 14~15

1. 게이뤼삭(Gay-Lussac, 1778-1850)은 프랑스 화학자이자 물리학자다. 게이뤼삭은 1808년에 원소 붕소를 발견했고 기체끼리 결합하는 반응에서 기체 부피 사이에는 간단한 정수비가 성립한다는 법칙(기체 반응의 법칙)도 발견했다.
2. 스테아린은 스테아르산의 글리세린에스테르[$C_3H_5(C_{18}H_{35}O_2)_3$]다. 공업용 스테아린은 주로 양초 제조에 쓴다.
3. 생석회는 산화칼슘(CaO)의 관용명으로 화학 산업에 널리 사용된다. 생석회에 물을 가하면 소석회가 생기며[$CaO+H_2O->Ca(OH)_2$] 소석회의 현탁액을 석회유라고 한다.
4. 우지와 같은 지방은 지방산과 글리세린이 결합된 화합물이다. 석회는 팔미트산, 올레산, 스테아르산과 결합하며 글리세린을 분리한다. 세척 과정을 거친 뒤 불용성 석회염을 고온의 묽은 황산 용액으로 분해한다. 이렇게 해서 녹은 지방산이 기름으로 변해 표면에 떠오르면 다른 용기로 옮겨 붓는다. 이를 다시 세척해서 얇은 틀에 넣은 다음 굳으면 코코넛 매트 층 사이에 넣어 강한 압력을 가한다. 이 과정에서 부드러운 올레산은 압착돼 나오는 반면 단단한 팔미트산과 스테아르산은 남는다. 더 높은 온도에서 남은 팔미트산과 스테아르산에 압력을 가해 정제한 다음 따뜻한 온도의 묽은 황산 용액으로 세척하면 양초 원료가 생성된다. 팔미트산과 스테아르산은 그 원료인 지방보다 더 단단하고 희며 동시에 더 깨끗하고 잘 연소된다.
5. 글리세린은 글리세롤이라고도 하며 단맛이 나고 끈적끈적한 무색 액체다. 글리세린은 거의 모든 동물성 및 식물성 기름과 지방에 주로 팔미트산, 스테아르산, 올레산의 글리세롤 에스테르 형태로 존재한다.
6. 향유고래는 대형 이빨고래로 몸길이가 18미터에 달한다. 향유고래 머리 부분에

서 추출한 기름을 냉각 압착한 물질을 경랍이라고 한다. 향유고래 두강(頭腔)이나 돌고래 및 쇠돌고래 기름에서 얻은 왁스 역시 경랍이라고 부르기도 한다. 경랍은 연고, 화장품, 고급 양초, 직물 가공에 사용한다.

7. 파라핀은 포화탄화수소다. 파라핀을 만드는 주요 원료는 광유 즉 석유다. '파라핀'은 라틴어로 친화력 혹은 반응성이 거의 없다는 뜻이다.

p. 16~17

1. 재가 잘 녹도록 붕사나 인산염을 소량 첨가하기도 한다.
2. 여기에서 화학 염료는 합성 착색제를 의미한다.

p. 20~21

1. 모세관 인력 혹은 모세관 척력은 모세관에서 액체를 상승 혹은 하강시키는 원인이 되는 힘이다. 양 끝이 뚫린 온도계 관을 물에 넣으면 모세관 인력이 작용하여 관 내부의 수면이 외부의 수면보다 상당히 높게 올라간다. 반대로 온도계 관을 수은에 넣으면 모세관 척력이 작용하여 관 내부의 수은 표면이 외부 수은 표면보다 내려간다.
2. 고(故) 서섹스 공작(Duke of Sussex)은 이 원리로 새우를 씻을 수 있다는 사실을 처음으로 증명했다. 새우 꼬리의 껍질 부분을 뗀 다음 꼬리 쪽을 물이 든 잔에 넣고 머리 쪽이 바깥으로 가도록 걸쳐 두면 모세관 인력에 의해 꼬리가 물을 빨아올리며 잔에 든 물이 빠져나가서 꼬리가 수면 밖으로 드러날 때까지 물은 계속해서 머리 쪽으로 흐른다.

p. 22

1. 캄펜(camphene)은 무색의 결정으로 물에 녹지 않는 물질이다. 화학적으로 캄펜은 포화 고리 탄화수소다. 테레빈유를 비롯한 여러 기름 속에 존재하며 합성 장뇌 제조에 주로 사용한다.

p. 26~27

1. 알코올에 염화구리를 첨가했다. 이렇게 하면 아름다운 녹색 불꽃이 생긴다.
2. 금어초 놀이를 할 때는 금어초를 다른 물질과 함께 태운다. 금어초는 식물의 일종으로 그 꽃을 가리키기도 한다. 가장 많이 재배하는 종류는 장식용 금어초로 높이는 30센티미터에서 80센티미터에 달하고 화려한 색상의 꽃이 피며 두 갈래로 갈라진 꽃잎이 용의 입을 닮았다고 해서 영어로는 스냅드래곤(snapdragon)이라고 부른다.

p. 34~35

1. 아르강 등(Argand lamps)은 가스 혹은 석유 버너의 일종으로 속이 빈 심지 내부로 공기를 끌어들여 불꽃과 연료의 접촉 면적을 높였다.
2. 테레빈유는 침엽수의 일종인 왕솔나무에서 추출한 함유(含油) 수지다. 테레빈유를 증류하면 휘발성 기름과 수지가 생긴다.
3. 화약은 질산칼륨(초석), 황, 숯가루를 섞은 폭발성 혼합물이다. 잉글랜드에서 로저 베이컨(1214-1292)이 화약을 언급하기 수 세기 전에 중국에서 처음으로 발명

됐다. 오늘날 전쟁에서는 더 이상 화약을 사용하지 않는다. 좀 더 안전하고 효율적인 폭발물로 대체됐다. 그러나 불꽃놀이에는 여전히 화약을 사용한다.

p. 36~37

1. 석송자는 석송(Lycopodium clavatum)의 포자에서 채취하는 담황색 분말로 폭죽에 사용한다.
2. 팬터마임은 대단히 정교한 어린이용 연극 형식의 일종이다. 잉글랜드에서는 크리스마스 시즌에 많이 볼 수 있다. '팬터마임'이라는 용어는 무언극이나 신화를 바탕으로 하는 18세기 발레 같은 여러 가지 서로 다른 연극 장르를 가리키는 경우도 있으나 아동용 팬터마임에는 유명한 노래와 곡예를 비롯한 여러 극 요소가 종합적으로 등장한다. 팬터마임은 신데렐라나 알라딘과 같이 유명한 등장인물을 다룬 동화를 바탕으로 만든다.
3. 백금은 은처럼 흰빛이 도는 금속이다. 고대 남아메리카 원주민이 사용했고 핀토강을 따라 자리 잡고 있던 아즈텍 제국과 잉카 제국을 스페인이 침공했을 때 발견했다. 스페인 사람들은 백금을 업신여겨서 질 낮은 은이라는 의미인 '플라티노(platino)'라고 불렀다. 1750년에 백금에 대한 과학적 연구가 이뤄졌고 자세한 성질이 밝혀졌다.

p. 38~39

1. 수소는 지구상에 존재하는 가장 가벼운 원소다. 라틴어로는 히드로제니움(hydrogenium)이라고 하며 이는 '물을 만들다'라는 의미다. 1779년 라부아지에(1743-1794)가 물을 구성하는 요소가 완전히 밝혀진 이후에 이 이름을 제안했다. 수소를 의미하는 기호 'H'를 제안한 사람은 베르셀리우스였다.
2. 분젠(독일의 화학자—옮긴이)은 산소와 수소를 연소할 때 발생하는 불꽃 온도가 섭씨 8,061도라고 계산했다. 수소가 공기 중에서 연소할 때 불꽃 온도는 섭씨 3,259도, 석탄 가스가 공기 중에서 연소할 때 불꽃 온도는 섭씨 2,350도이다.
3. 수소 2몰이 산소 1몰과 결합하여 물 2몰을 형성할 때($2H_2+O_2=2H_2O$) 주변에 에너지 572킬로줄(약 137킬로칼로리)이 방출된다. 방출되는 에너지의 성질은 반응이 발생하는 방식에 따라 달라진다.
4. 인은 상인이었다가 연금술사가 된 헤니히 브란트가 1669년에 발견했다. 브란트는 '철학자의 돌'을 찾던 와중에 우연히 인을 발견했다. 인에는 백린, 적린, 흑린 등 여러 가지 동소체(같은 원소로 구성되나 원자의 배열, 성질, 결합 양식이 다른 물질—옮긴이)가 존재한다. 백린은 밀랍과 비슷한 고체로 공기 중에서 자연 발화해 오산화인(P_2O_5)을 형성한다.
5. 염소산칼륨($KClO_3$)
6. 황산안티모니($Sb_2(SO_4)_3$)
7. 염소산칼륨과 황산안티모니 혼합물 연소 시 황산의 작용을 설명하면 다음과 같다. 황산이 염소산칼륨의 일부를 산화염소, 황산수소칼륨, 과염소산칼륨으로 분해한다. 산화염소가 가연성 물질인 황산안티모니에 불을 붙이며 그 즉시 혼합물 전체가 타오르게 된다.

p. 40~41

1. 황산과 염소산칼륨이 반응하면 황산수소칼륨, 과염소산칼륨, 이산화염소(ClO_2)가 발생한다. 이산화염소가 황산안티모니를 태운다.

2. 아연은 인도와 중동에서 고대부터 알려진 푸른빛이 도는 흰색 금속이다. 유럽에서는 1746년에 마르그라프가 처음으로 분리했다. 마르그라프는 '이극광에서 아연을 추출하는 방법'이라는 장대한 논문을 발표했다. '아연(zinc)'이라는 이름은 백반 즉 흰색 반점을 의미하는 라틴어에서 유래했다.

3. 철학자의 양털은 산화아연(ZnO_2)을 뜻한다. 이는 아연을 공기 중에서 연소할 때 생긴다. 하얀 가루인 산화아연을 가열하면 노랗게 변한다. 의학 분야에서는 아연화 연고로, 도자기 산업에서는 유약으로, 고무 공업에서는 충전제로 사용한다.

4. 석탄가스는 수소(50퍼센트)와 메탄(30퍼센트)을 주성분으로 하고 그 외 이산화탄소(8퍼센트)를 비롯한 여러 기체를 포함한다. 석탄 가스는 석탄을 건류(밀폐된 용기에 석탄을 넣고 섭씨 1,000도로 가열하는 증류 방식)해서 얻는다.

p. 42

1. 실험실에서 널리 사용하는 공기 버너는 이런 원리를 활용한다. 공기 버너는 원통형 굴뚝의 윗부분에 다소 성긴 철망 조각을 씌워 만든다. 이런 에어 버너를 아르강 등 위에 씌우면 가스 속에 탄소와 수소가 동시에 혼합되어 불꽃에서 탄소가 분리되지 않고 결과적으로 그을음이 생기지 않는다. 철망을 통과할 수 없는 불꽃은 안정적이고 거의 눈에 보이지 않는 상태로 연소한다.

2. 열기구는 폭발성 혹은 가연성 물질을 채운 비행체의 일종이다.

p. 46

1. 험프리 데이비 경(Sir Humphry Davy, 1778-1829)은 유명한 영국 화학자다. 데이비는 광부들이 사용하는 안전등을 발명해서 유명해졌고 그 안전등은 그의 이름을 따서 데이비 등이라고 불렀다. 데이비는 전기 화학 분야에 상당한 기여를 했다. 또한 칼륨(1807)부터 나트륨(1807), 칼슘(1808), 바륨(1808), 마그네슘(1808), 스트론튬(1808)까지 총 여섯 개 원소를 발견했다. 데이비는 마이클 패러데이가 젊었을 때 그를 왕립 학회에서 일하는 조수로 채용하여 격려했다.

2. 칼륨은 가볍고 부드러우며 은백색 광택이 도는 금속이다. 칼륨은 공기 중에서 연소할 때 산소와 결합하여 초산화칼륨(KO_2)을 형성한다. 칼륨은 물과 격렬하게 반응하며 이때 물 분자에서 수소가 분리된다.

p. 48

1. 물은 수소와 산소로 이뤄진 화합물이다. 이때 물을 구성하는 수소와 산소의 질량비는 1대8이다. 어떤 방식으로 만들든 간에 화합물의 구성은 항상 동일하다.

2. 1파인트는 0.56823리터에 해당한다.

3. '프로테우스 변화'라는 용어는 프로테우스에서 비롯됐다. 프로테우스는 그리스 신화에 나오는 바다의 신으로 예언 능력을 지니고 있지만 그 지식을 알려주지 않으려고 변신을 거듭한다. 마찬가지로 물은 주변 온도에 따라 기체, 액체, 고체로 형태를 바꿀 수 있다.

4. 유대교에서 일주일 중 일곱 번째 날인 토요일은 신이 백성들을 위해 쉬는 날로 지정한 날이라는 의미에서 안식일이라고 부른다. 초기 기독교 교회에서는 예수 부활을 기념하여 일요일에 쉬면서 예배를 드리는 주일로 대신했다.
5. 물의 밀도는 섭씨 4도에서 가장 높다.
6. 잘게 부순 얼음에 소금을 넣으면 온도가 섭씨 0도에서 섭씨 -18도로 내려가며 이와 동시에 얼음은 녹는다.

p. 53

1. 험프리 데이비 경은 1807년에 칼리의 금속 성분인 칼륨을 발견했으며 이때 강력한 볼타 전지를 이용하여 칼리에서 칼륨을 분리하는 데 성공했다. 칼륨은 산소에 대한 친화력이 대단히 높으므로 물을 분해하여 수소를 발생시킨다.

p. 54

1. 금속의 속성은 아주 다양하다. 예를 들어 은은 쉽게 전기를 전도하지만 티타늄은 전기 전도율이 아주 낮다. 티타늄의 전기 전도율은 은에 비하면 300분의 1에 불과하다. 리튬은 물에 가뿐하게 뜨지만 오스뮴은 같은 크기의 돌멩이보다 더 빨리 물에 가라앉는다. 수은은 영하 온도에서도 액체 상태를 유지하지만 백금을 액상으로 만들기란 대단히 어렵다. 금은 수백 년 동안 물속에 있어도 변하지 않지만 나트륨은 물과 닿으면 즉시 타오른다.

p. 61

1. 그레인은 대부분의 질량 체계를 통틀어 가장 작은 단위로 원래는 밀알 하나의 질량으로 결정했다.

p. 62

1. 패러데이 교수는 강력한 번갯불이 물 1그레인을 분해하는 데 필요한 만큼의 전력을 낸다고 계산했다.

p. 64~65

1. 구리 및 구리와 주석의 합금인 청동은 인류 역사상 오랫동안 가장 널리 사용된 금속이다. 인류 문명에서 청동기라는 한 시대를 남기기도 했다. 구리는 불그스름한 갈색을 띠며 그 이름은 로마 시대 구리 주산지였던 키프로스에서 유래했다. 구리는 산에 잘 녹는다. 구리를 질산에 녹이면 붉은 빛을 띠는 기체인 이산화질소(NO_2)가 발생한다.
2. 아세트산납 수용액에 볼타 전류를 가하면 음극에는 납이, 양극에는 갈색 이산화납이 생성된다. 질산은 수용액에 볼타 전류를 가하면 음극에는 은이, 양극에는 과산화은이 생성된다.

p. 66

1. 수은은 자연계에서 액체 상태로 존재하는 유일한 금속이다. 그리스 철학자이자 과학자인 아리스토텔레스(BC 384-322)는 수은을 가리켜 '액체 은'이라고 불렀고 디오스코리데스(고대 로마시대 식물학자—옮긴이)는 '은 물'이라고 불렀다. 여기에서 수은을 가리키는 라틴어 이름인 히드라지움(hydragium)이 생겼다. 수은과 수

은 화합물은 대단히 독성이 높으며 인체에서 천천히 배출된다.

p. 68

1. 라이덴 병(Leyden jar)은 전하를 저장하는 장치로 유리병 안팎으로 높이 3분의 2 가량의 금속박을 대서 만든다. 이 장치가 발명된 네덜란드의 도시 라이덴에서 이름을 따서 라이덴병이라고 부른다.

p. 71

1. 산소는 1774년에 조지프 프리스틀리(1733-1804)가 발견했다. 실제로는 칼 빌헬름 셸레(1742-1786)가 프리스틀리보다 먼저 발견했으나 셸레가 그 발견을 기록한 서적이 1776년에 출판됐다. 산소를 발견한 또 한 사람인 라부아지에는 그리스어로 '신맛'을 뜻하는 oxys와 '생성'을 뜻하는 gaz를 합쳐서 oxygen(산소)라는 이름을 붙였다.

p. 72

1. 이산화망가니즈(MnO_2)는 흑갈색 고체다. 이산화망가니즈는 망가니즈 화합물 중 가장 안정성이 높으며 지각에서 연망가니즈석의 형태로 흔히 찾아볼 수 있다. 각종 산업과 실험실에서 널리 사용하는 저렴한 산화제다. 유리 공업에서는 탈색제로 사용한다.

p. 76

1. 황은 호메로스 시대부터 알려진 물질이다. 연금술사는 황을 가연성 물질이자 모든 금속을 구성하는 성분으로 간주했다. 황의 기본적인 성질을 밝힌 사람은 라부아지에였다. 황을 뜻하는 라틴어의 어원은 불명확하다. 황은 잘 연소하는 물질이다.

p. 80

1. 산소의 존재를 확인하는 실험에 사용하는 이 기체는 산화질소다. 산화질소는 무색의 기체로 산소와 접촉하면 산소와 결합해서 이산화질소가 되는데 이 이산화질소가 여기에서 말하는 붉은색 기체다.

p. 82~83

1. 질소는 무색, 무취의 기체다. 1772년에 러더퍼드(1749-1819)가 발견했다. 라부아지에가 1787년에 이 기체에 '아조트(azote, 질소를 의미하는 프랑스어—옮긴이)'라는 이름을 붙였다. 또한 질소는 '연소한 유독 기체' 혹은 '오염된 공기'라고 알려져 있었다. 그리스어로 아조트는 '생명이 없는'이라는 뜻이다. 질소는 호흡이나 연소를 돕지 않기 때문에 생명이 없는 기체라고 여겨졌다. 질소를 나타내는 원소 기호인 N은 '초석을 형성하는'이라는 의미를 지닌 라틴어 니트로제니움(nitrogenium)에서 비롯됐다.
2. 식물 및 일부 박테리아가 이산화탄소를 소비하는 과정을 가리켜 광합성이라고 한다. 광합성에 사용되는 에너지는 녹색 색소인 엽록소가 흡수하는 빛에서 얻는다. 광합성 결과 생성되는 물질은 탄수화물(포도당)이다. 광합성에 필요한 수소는 물에서 얻고 그 부산물로 산소가 배출된다.

p. 84

1. 온스는 질량 단위의 일종이다. 트로이 중량(귀금속과 보석에 사용하는 질량 체계)에서 1온스는 12분의 1파운드(약 31.1그램)이고 상형 중량(영국과 미국에서 보석, 귀금속, 의약품 이외의 일용품에 사용하는 질량 체계)에서 1온스는 16분의 1파운드(약 28.35그램)이다.

p. 91

1. 석회수는 수산화칼슘($Ca(OH)_2$)을 함유하고 있으며 생석회(CaO)에 물을 섞어서 만든다. 이산화탄소는 수산화칼슘과 반응해서 탄산칼슘을 생성한다.

p. 92

1. 이산화탄소를 가리킨다. 이산화탄소는 무수탄산이라고도 부른다(이 책의 원서에는 그냥 carbonic acid, 즉 '탄산'으로만 표기되어 오해의 소지가 있다. 탄산은 이산화탄소가 물에 녹아 생기는 산성 물질로 수용액 상태로만 존재한다—옮긴이).
2. 대리석은 탄산가스와 석회석으로 이뤄진 화합물이다. 대리석에 염산을 넣으면 성질이 강한 염산이 탄산가스 자리를 대신한다. 탄산가스는 기체 상태로 빠져나가며 나머지가 염화칼슘을 생성한다.

p. 103

1. 염소(Cl_2)를 사용한다.
2. 자연 발화성 납은 건조한 타르타르산납을 유리관(한쪽 끝은 막혀있고 다른 한쪽은 끝이 뾰족한 형태)에 넣고 증기가 더 이상 발생하지 않을 때까지 가열해서 만든다. 그 다음 유리관의 열린 입구를 취관으로 밀봉한다. 유리관을 깨서 내용물을 공기와 혼합하면 붉은 섬광을 내며 연소된다.
3. 납은 푸르스름한 회색 금속으로 선사시대부터 알려져 있었다. 로마가 거위 울음소리 덕분에 적의 침입을 막은 일화는 유명하지만 로마가 멸망한 주요 원인 중 하나가 납이었다는 사실은 그리 잘 알려져 있지 않다. 로마 귀족들은 납이 들어간 식기와 납이 들어간 화장품을 사용했다. 납은 독성을 지닌 물질이고 납중독으로 인해 로마 귀족들의 평균 수명은 25세를 넘기지 못했다.

p. 110~111

1. 황산을 가리켜 녹반유라고도 한다.
2. 금붕어는 동아시아 원산의 민물어종으로 관상용으로 세계 곳곳에 전파됐다. 금붕어는 주로 차갑고 산소가 풍부한 물에서 잘 자라며 잡식성 어류다.